煤储层多尺度裂隙特征及其对渗透性的控制

Characteristics of Multi-scale Fractures in Coal Reservoir and Their Control on Permeability

潘结南　李五忠　施兴华　王振至　王海超　著

科 学 出 版 社

北 京

内 容 简 介

煤储层是一种具有双重孔隙-裂隙型储层,孔隙是煤层中气体储存的主要空间;裂隙是煤层中流体运移的主要通道,是影响和控制煤储层渗透性的直接因素。本书采用理论分析、室内实验测试与数值模拟等多学科理论与方法,对煤储层多尺度裂隙参数进行了精细定量表征,系统研究了煤储层中宏观裂隙、微米级裂隙和纳米级裂隙结构演化特征及其主控因素,探讨了煤储层多尺度裂隙结构对煤储层渗透性的控制机理。

本书可供煤层气(瓦斯)地质、煤地质学等方面研究人员与科技工作者阅读参考,也可作为高等院校相关专业研究生的参考书。

图书在版编目(CIP)数据

煤储层多尺度裂隙特征及其对渗透性的控制 = Characteristics of Multi-scale Fractures in Coal Reservoir and Their Control on Permeability / 潘结南等著. —北京:科学出版社,2022.6

ISBN 978-7-03-072153-2

Ⅰ. ①煤… Ⅱ. ①潘… Ⅲ. ①煤层–储集层–围岩–裂隙(岩石)–孔隙演化–研究 ②煤层–储集层–瓦斯渗透–研究 Ⅳ. ①TD823.2 ②TD712

中国版本图书馆 CIP 数据核字(2022)第 070787 号

责任编辑:冯晓利 / 责任校对:王萌萌
责任印制:吴兆东 / 封面设计:无极书装

科 学 出 版 社 出版
北京东黄城根北街 16 号
邮政编码:100717
http://www.sciencep.com
北京建宏印刷有限公司 印刷
科学出版社发行 各地新华书店经销
*
2022 年 6 月第 一 版 开本:787×1092 1/16
2022 年 6 月第一次印刷 印张:11 1/4
字数:267 000
定价:168.00 元
(如有印装质量问题,我社负责调换)

前　言

在过去的 70 多年里，煤炭作为我国的主力能源，在能源结构中一直居于首位。近年来，为应对全球气候变化、控制温室气体排放，习近平在第七十五届联合国大会一般性辩论上提出了"中国将提高国家自主贡献力度，采取更加有力的政策和措施，二氧化碳排放力争于 2030 年前达到峰值，努力争取 2060 年前实现碳中和"的目标[①]，放缓了煤炭开发的步伐。尽管如此，在未来相当长的时间内煤炭在我国能源结构中仍然占据着重要的地位。煤炭发展的核心是安全生产，而瓦斯事故是影响我国煤矿安全生产的主要因素之一，尤其随着煤矿开采向深部延伸，煤矿开采环境更加复杂，煤矿瓦斯灾害的预防与治理措施也越来越重要。同时，矿井瓦斯(煤层气)作为一种新兴的洁净能源也逐渐引起人们的关注。

煤层气是指在成煤作用过程形成的，赋存在煤层中以甲烷为主要成分、以吸附在煤基质颗粒表面为主，并部分游离于煤孔隙、裂隙中或溶解于煤层水中的烃类气体。煤层气是一种重要的非常规天然气资源，我国 2000m 以浅的煤层气资源量约为 $3.68 \times 10^{13} m^3$，与我国陆上天然气总量相当，仅次于俄罗斯和加拿大，居世界第三位。煤层气资源的开发与利用，对保障煤矿安全生产、提高清洁能源比例及降低温室气体排放均具有重要意义。然而，我国煤储层孔隙和裂隙结构具有复杂性，加之地应力、地温等环境条件复杂，煤层气储层表现出较强的非均质性和低渗透性特征，造成连续多年我国的实际煤层气产量与规划目标存在较大差距。鉴于煤层渗透性是决定煤层气产量的重要因素，而煤中裂隙发育特征对煤储层渗透性具有决定性作用，因此，对煤中裂隙进行详细的定量表征，并探讨其对煤层渗透性的控制作用对保障煤矿安全生产、指导煤层气开发选区、提高煤层气产量以减少温室气体排放具有重要意义。

我国关于煤中裂隙的研究工作最早出现在 20 世纪 50 年代，学者们主要从构造、煤矿安全生产等角度进行煤层裂隙的研究工作。之后，煤中裂隙的研究经历了一个由宏观到微观、由二维平面研究到三维立体研究的发展过程，形成了一套较为完善的裂隙研究思路。然而，煤中裂隙分布范围广泛，研究方法较多，对煤岩多尺度的裂隙分

---

① 习近平在第七十五届联合国大会一般性辩论上的讲话. (2020-09-22). http://www.gov.cn/xinwen/2020/09/22/content_5546169.htm.

布特征的研究也不够全面，其对煤层渗透性的控制机理也尚不明确，极大地制约了煤中瓦斯(煤层气)的排采工作。因此，迫切需要提出经济准确的煤岩多尺度裂隙表征方法，查明多尺度裂隙对煤储层渗透性的控制机理。

本书针对上述存在的问题，结合我国煤储层特征及煤层气开发特点，综合煤地质学、煤层气地质学、岩石学、流体力学、煤化学、图形学及分形几何学等多学科理论与方法，运用理论推导、物理实验以及数值模拟等技术手段，开展了不同地区、不同煤级煤中多尺度裂隙结构精细定量表征，构建了不同煤级煤中不同尺度微裂隙结构的三维可视化模型；揭示煤中不同尺度微裂隙的三维结构演化特征、分布规律及其主控因素；系统研究了不同应力作用下煤渗透性的各向异性特征和应力敏感性动态变化规律，深入探讨了微裂隙结构特征对煤渗透性的控制机理；实现了复杂三维微裂隙网络结构中的渗流模拟，揭示了单相水流和甲烷气体在复杂微裂隙空间中的渗流规律。本书研究成果丰富和完善了煤层气地质学的理论和方法，为煤层气的有效开发提供理论基础和科学依据。

本书主要依托于笔者主持的国家自然科学基金项目"构造煤微裂隙结构演化特征及对煤储层渗透性控制"和河南省高校科技创新团队支持计划项目"煤层气储层物性及其地质控制"的部分研究成果。本书的出版得到了河南理工大学基本科研业务费项目和河南理工大学资源环境学院地质资源与地质工程河南省重点学科经费资助。在本书的撰写过程中得到了中国科学院大学侯泉林教授的指导。另外，本书的出版得到了河南理工大学齐永安教授、罗绍河教授、曹运兴教授、王恩营教授、张玉贵教授、郑德顺教授、金毅教授、宋党育教授等多方面帮助。笔者的硕士研究生葛涛元为本书图形绘制做出了贡献。在此一并致以衷心的感谢！

由于作者水平和学识有限，书中不当之处敬请读者批评指正！

潘结南

2022 年 2 月

目 录

第 1 章
绪　　论

1.1　煤中裂隙研究的意义

20 世纪 80 年代，美国成功地实现了煤层气的地面开发，自此，煤层气成为世界能源发展中一个非常重要的领域(方爱民等，2003)。煤层气的开发可以产生诸多效益。首先，我国煤层气储量丰富，根据自然资源部发布数据显示，截至 2019 年底，全国煤层气累计探明地质储量为 $7.54561×10^{11}m^3$(赵路正等，2020)，煤层气开发前景巨大，对煤层气进行有效开发可以较好地解决我国"少气"的问题，具有显著的经济效益。其次，我国高瓦斯和煤与瓦斯突出矿井占矿井总量的 46%，在煤炭开采过程中，瓦斯灾害十分严重，俨然成为煤矿安全生产的"第一杀手"(孟召平和刘世民，2018)，因此采用多种手段和方法对煤层气(矿井瓦斯)进行抽采可保障煤矿安全生产。此外，煤层甲烷的排放会造成的极为严重的环境问题(方爱民等，2003)，这与我国"二氧化碳排放力争于 2030 年前达到峰值，努力争取 2060 年前实现碳中和"的目标相悖(赵路正等，2020)。因此开展煤层气(矿井瓦斯)的勘探开发并加以有效利用对加强我国的国民经济建设、保障煤矿安全生产和保护生态环境具有极为重要的意义。

煤层气开发主要是采用一些技术手段和方法使煤层中主要以吸附态存在的甲烷气体经过解吸、扩散、渗流，最终运移至煤层气井筒并抽采至地面的过程。煤中裂隙作为煤层气的主要渗流通道，其发育特征(裂隙的密度、方向、连通性及矿物充填等)直接影响煤储层的渗透性和煤矿瓦斯的抽采效果，对煤层气开发中的井距和井向布置也起到决定性作用(Durucan and Edwards，1986；王生维等，2004；Paul and Chatterjee，2011)。此外，裂隙的广泛发育极大地降低了煤柱的抗压强度，造成煤柱支护能力显著降低(Ting，1977)。因此，煤中裂隙发育特征研究对指导煤层气勘探开发和煤矿安全生产意义重大(Gamson et al.，1993)。然而，我国煤炭资源地质条件复杂、煤层气开发地质理论与技术研究相对薄弱，对于煤中裂隙发育特征及其影响因素的认识仍然较为欠缺，难以有效指导煤层气井布置和增透措施的实施，造成地面煤层气井产量低、不稳定，连续多年实际煤层气产量与规划目标存在较大差距(郭威和潘继平，2019)。

因此针对不同煤层气开发区块煤储层裂隙发育特征进行研究，对进一步优化煤层气井布置方案、优化煤储层增透技术，进而合理高效地开发煤层气具有重要的理论和实际意义。

1.2 煤中裂隙研究现状

煤是由植物遗体在地质埋藏过程中经过复杂的生物化学作用和物理化学作用而形成的一种非均质性强的有机岩石，这种非均质性不仅表现为各种形态和大小孔隙的发育，还表现为各种尺度裂隙的普遍发育。煤层中广泛分布裂隙，这些裂隙对煤层的稳定性、可采性和流体的渗流起着重要作用(Laubach et al.，1998)。

在煤炭资源开发的早期，露天矿的开发对技术要求较低，煤中裂隙对煤炭开发的影响可以忽略，因此煤中裂隙的研究未得到人们的关注。随着煤矿井下开采的逐步进行，出于井巷工程设计和施工的需要(Esterhuizen，1995；Molinda and Mark，1996)，人们开始了对煤中裂隙的研究工作，但也由于涉及面较窄，有关煤中裂隙的研究进展十分缓慢(苏现波等，2002)。随着更深、更复杂地质条件下煤炭开发的进行，煤与瓦斯突出、矿井突水等问题日渐突出，作为流体运移通道的裂隙不可避免地引起了人们的极大关注，有关裂隙的研究也逐渐增加，并涉及煤岩裂隙对地下煤矿的设计和安全的影响(Hanes and Shepherd，1981)、煤中裂隙和煤与瓦斯突出的关系(黄德生，1982；周世宁，1990)、裂隙与矿井突水及地下水富集的关系(李宝林等，1981)等方面。20 世纪 60 年代，苏联学者 Ammosov 和 Eremin (1963)所著的《煤中裂隙》出版，标志着对煤中裂隙的研究在方法和理论上开始达到了相对成熟的阶段。而后，煤中瓦斯(煤层气)作为一种矿产资源被人们广泛关注，煤层气开发技术的进一步发展促使煤中裂隙的研究发生了质的飞跃(王生维等，1995)，自此涌现出大量关于煤中裂隙的研究成果(苏现波等，2002)，煤中裂隙的成因和发育特征的研究也日渐增多。

在裂隙研究之初，人们往往忽略了关于煤中裂隙特征和成因的研究，而更多地关注裂隙对煤矿开发所造成的影响(Laubach et al.，1998)，随着研究的进行，裂隙成因的研究对判别煤岩形成环境、还原区域构造历史(陈建国，1976)、进行煤储层可采性评价(王生维等，1996)等的重要意义被逐渐发现，此后，关于裂隙成因的相关研究逐渐成为裂隙研究的重点之一。受研究目的、研究方法和研究区域等因素的限制，人们对裂隙成因的认识存在较大差异，并形成了各种学说。通常情况下，可将煤中裂隙的成因概括为凝胶化物质收缩说(Gresley，1892；Steeg，1942；Ting，1977；Spearsa and Caswell，1986；Daniels and Edwards，1990；Levine，1996；张胜利和李宝芳，1996；Harpalani and Chen，1997；Laubach et al.，1998；Su et al.，2001；毕建军等，2001；张慧等，2002；钟玲文，2004；Dawson and Esterle，2010；Kumar et al.，2011)、流体压力说(Secor，1965；Segall，1984；王生维等，1996；张胜利和李宝芳，1996；Pollard and Aydin，1998；Laubach et al.，1998；毕建军等，2001；Su et al.，2001；钟玲文，2004；Dawson and Esterle，2010)和有效地应力说(Steeg，1942；Price，1959；Ting，1977；Spearsa and Caswell，1986；Daniels and Altaner，1990；王生维等，1996；张胜利和李宝芳，1996；Laubach et al.，1998；Pollard and Aydin，1998；Su et al.，2001；毕建军等，2001；张慧等，2002；钟玲文，2004；Rippon et al.，2006；Dawson and Esterle，2010；Kumar et al.，2011；Paul and Chatterjee，2011）三种。结合上述假说，可以认为煤中裂隙的形成是内驱力和外应力共同作用的结果。内驱力为裂隙的形成提供了内在动力，从根本上为裂隙的产生提供了可能。以煤基质为受力研究对象，煤中裂隙的内驱力包括两种：①煤化作用过程中受温度、压力的影响，煤体内部结构产生一系列物理化学变化，基质脱水、脱挥发分，从而导致体积均匀收缩而产生的内张力；②煤中原有流体和煤化过程中产生但并未逸出的流体在煤体中不断集聚，并受温度、地应力作用的影响而产生的局部流体高压。外应力作为裂隙（尤其是外生裂隙）发育特征的主要影响因素，与各裂隙参数和裂隙类型有着密切关联。形成煤中裂隙的外应力包括煤层的原始地应力和构造应力。当作用于煤体上的原始地应力与构造应力之和大于煤体的强度时，外生裂隙产生。应力场的分布决定了裂隙的组合类型及裂隙走向。

基于不同的研究目的，对煤中裂隙进行适当划分是十分必要的，有效的裂隙划分方案对正确而全面地揭示煤岩裂隙发育特征具有重要意义。然而，目前对于煤储层中的裂隙尚未形成统一的分类方案（表 1-1）。一部分学者主要依据裂隙的成因和形态对裂隙进行定性划分，其中以 Dron（1925）为代表的学者用割理这一术语来描述煤中裂隙（Laubach et al.，1991，1998；Kulander and Dean，1993），并将其划分为面割理和端割理[图 1-1（a）]；之后，张胜利（1995）将煤中割理进一步划分为巨割理、大割理、中割理、小割理、微割理等。Laubach 等（1991）将煤中裂隙划分为一级裂隙、二级裂隙、三级裂隙等[图 1-1（b）]；李小彦（1998）将煤中裂隙划分为主裂隙和次裂隙。多位学者（杨起和韩德馨，1979；霍永忠和张爱云，1998；张慧等，2002）将按照裂隙的成因将煤中裂隙分为内生裂隙和外生裂隙两大类，在此基础上，苏现波等（2002）按形态进一步将煤中裂隙细分为 7 组 17 型（网状、孤立状、叠加型、羽状、树枝状、锯齿状、叠瓦状、阶梯状、X 型、桥构造、辫状裂隙、褶劈理、流劈理等）。

在对煤中裂隙的定量分类方面，不同学者的分类方法也不同。通常情况下可将煤中裂隙分为宏观裂隙和微观裂隙。其中宏观裂隙可用肉眼或放大镜进行观测，微观裂隙需要在光学显微镜下进行观测。此外，根据裂隙宽度大小，Zhang Y H 等（2016）认为，煤中的裂隙可以分为微裂隙（宽度≤20μm）和大裂隙（宽度>20μm）两类。微裂隙这一术语，最早由 Simmons 和 Richter（1976）提出，他们将其定义为出现在岩石中的具有一个或者两个尺度明显小于第三个尺度并且宽长比小于 0.01 的张开裂隙；Shepherd 等（1981）将微裂隙定义为宽度小于 1μm 的裂隙；Gamson 等（1993）认为，煤中的微裂隙是指在手标本中不可见，且宽度为微米级的，并与煤中割理不同的一类裂隙；Li 等（2015）提出，宏观裂隙是那些用肉眼可以看见的裂隙，而把那些需要借助显微镜才能观测到的裂隙称为微裂隙。在此基础上，Vandersteen 等（2003）将煤中的微裂隙进一步划分为小微裂隙（宽度≤0.15mm）和大微裂隙（宽度>0.15mm）。然而，Chen 等（2015）认为，上述分类方法仍然不够具体，因此，他们根据微裂隙的长度、宽度和连通性情况将煤中的微裂隙分为四种类型：A 型（宽度≥5μm，长度>10mm）、B 型（宽度≥5μm，

1mm＜长度≤10mm)、C 型(宽度＜5μm，300μm＜长度≤1mm) 和 D 型(宽度＜5μm，长度≤300μm)。

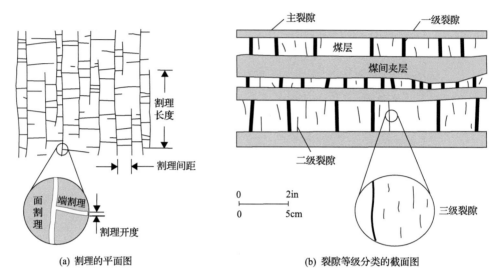

(a) 割理的平面图　　　　　　　　　　(b) 裂隙等级分类的截面图

图 1-1　煤中裂隙的形态示意图(据 Laubach et al.，1991)

表 1-1　不同学者的煤中裂隙分类方案

文献	分类对象	分类依据	分类方案
Steeg(1942)	煤中裂隙	发育形态及分布特征	面割理 端割理
Price(1959)	煤中裂隙	受力性质	张节理 剪节理
Ting(1977)	煤中裂隙	发育形态及分布特征	主割理 次割理
Gamson(1993)	煤中裂隙	观察层次	宏观裂隙(面割理、端割理、第三种割理)， 微观裂隙(垂直微割理、水平微割理、 块状裂隙、贝壳状裂隙、纹理)
张胜利(1995)	煤层中割理	裂隙与煤岩分层的关系	巨割理、大割理、中割理、小割理和微割理
王生维等(1996)	煤储层中几微米到 几厘米裂隙	裂隙大小、产状及其 与载体的关系	微裂隙 内生裂隙
樊明珠和王树华 (1997)	煤中裂隙	成因	外生裂隙(张性裂隙、压性裂隙、剪性裂隙)， 内生裂隙(割理)
陈练武(1998)	煤中裂隙	成因	外生裂隙(剪性外生裂隙、张性外生裂隙、劈理) 内生裂隙(割理)
霍永忠和张爱云 (1998)	煤中显微裂隙	成因	内生裂隙、层面裂隙、继承性裂隙、构造裂隙
李小彦 (1998)	煤储层中裂隙	煤中两组裂隙的发育情况	主裂隙 次裂隙

文献	分类对象	分类依据	分类方案
曾勇等 (2000)	煤储层中裂隙	观察层次	宏裂隙(人为裂隙、天然裂隙) 微裂隙(微外生裂隙、微内生裂隙)
冯艳丽 (2000)	煤中裂隙	成因	割理(内生裂隙)、外生裂隙、继承性裂隙、 层面裂隙、采矿诱导裂隙
张慧等 (2002)	煤中显微裂隙	裂隙发育特征和成因	内生裂隙(失水裂隙、缩聚裂隙、静压裂隙)、 外生裂隙(张性裂隙、压性裂隙、剪性裂隙、 松弛裂隙)
苏现波等 (2002)	煤中裂隙	形态和成因	割理(内生裂隙)、外生裂隙、继承性裂隙
Rippon 等 (2006)	煤中裂隙	发育形态及分布特征	主割理 子割理
Dawson 和 Esterle (2010)	煤中裂隙	裂隙发育位置	主割理 单一镜煤条带割理 多重镜煤条带割理 暗煤条带割理
Moore (2012)	煤中裂隙	成因	天然裂隙 次生裂隙

煤中裂隙的研究方法经历了一个从宏观到微观、从定性分析到定量评价的过程。大体而言，煤中裂隙的研究方法包括直接观察法(肉眼直接观测、体视显微镜观测、偏光显微镜观测、扫描电子显微镜观测等)(Karacan and Okandan，2000；张素新和肖红艳，2000；姚艳斌等，2006)、X 射线 CT 扫描技术(Karacan and Okandan，2000；白斌等，2013；Shi et al.，2018)和声波测试方法(Boadu，1997；Giovanni and Lara，2006；Yoshitaka et al.，2011)等。其中直接观察法主要用于观测煤样表面的裂隙，即裂隙的平面形态，不能实现对裂隙的立体形态和空间分布特征的观测(Liu et al.，2011)。X 射线 CT 扫描技术被证明是无损全面地了解裂隙空间分布特征的有效手段之一(Yao et al.，2009；Bera et al.，2011；Ramandi et al.，2016；Shi et al.，2018)，但是受限于实验选用的样品较小，仅能实现微米和纳米级别裂隙的观测工作。波速测试技术作为一种无损分析方法，近年来已经广泛应用于地质工程研究(Nelson，2000；Ghorbani et al.，2009；Kassab and Weller，2011；Cardarelli et al.，2014)。研究表明，当纵波传播方向平行于裂隙的延伸方向时，裂隙对波速产生的影响极小，而当纵波垂直于裂隙延伸方向传播时，裂隙对波速产生的影响极大(Holt，1997)；且纵波速度与裂隙的密度有线性或非线性负相关关系，另外，随着孔隙度的增大，纵波速度具有幂函数关系减小的趋势。显然，纵波速度与煤中裂隙延伸方向(Zhang et al.，2009)、密度和孔隙度等具有较好的相关性(Bóna，2012)，且纵波波速实验具有低成本、操作方便的特点，更容易用于现场煤岩裂隙测试之中。

1.3 煤储层渗透性研究现状

煤储层渗透性是评价煤层气开发能力的关键因素之一。我国煤层气资源储量丰富，开发利用前景广阔，然而到目前为止，我国煤层气商业开发虽取得一定成功，但与预期目标还有较大差距。造成我国煤层气开发水平较低的原因除了起步较晚、某些关键技术问题尚待解决外，主要原因是我国主要的煤层气开发区内煤层气储集层渗透率总体相对偏低(叶建平等，1999)。

影响煤储层渗透性的因素十分复杂，煤储层中的裂隙系统(裂隙的大小、间距、连通性、开度、矿物填充程度和方向等)(Laubach et al.，1998)、煤岩类型、煤变质程度、煤体结构、温度、有效应力、煤基质收缩效应等因素对煤储层渗透性都有影响。在不同的构造背景下，不同研究区域的煤储层渗透性通常是多因素综合作用的结果(叶建平等，1999)。研究各因素对煤层渗透性的控制作用，找出其定性、定量关系并用于煤储层渗透率的预测，对寻找煤层气的有利勘探区具有重要意义。

通常情况下，主要借助于现场观测和室内试验的手段对煤岩渗透性进行研究(大塚一雄和吴永满，1984；林柏泉和周世宁，1987；傅雪海等，2003；Zou et al.，2016)。傅雪海等(2003)通过现场观测和室内实验手段对晋城成庄矿、高平望云矿、潞安常村矿、五阳矿及沁源沁新矿煤岩裂隙及渗透性进行了研究，发现有效应力和基质收缩会影响煤层渗透性，且在煤层气排采过程中，其对煤层渗透性的影响具有动态变化的特点。在地面排水降压开采煤层气的初级阶段，随着水、气的排出，煤储层内流体压力降低，有效应力处于主导地位，裂隙发生压缩变形，渗透率降低。随着煤层气解吸，煤基质开始收缩，导致水平应力下降，裂隙宽度增加，煤岩渗透率也呈增大趋势(张健和汪志明，2008；程波等，2010)。鉴于应力对煤储层渗透性具有重要影响，国内外学者对此相继开展了一系列的实验研究(Boit，1941；Somerton et al.，1975；Durucan and Edwards，1986；McKee et al.，1988；Enever and Henning，1997；孙培德和凌志仪，2000；Zhao et al.，2003；唐巨鹏等，2006；孟召平等，2009；Zeng et al.，2011；Chen et al.，2012；孟召平和侯泉林，2012；Meng and Li，2013；Li et al.，2014)，并得出了应力与煤的渗透率之间的关系式。目前，普遍认为煤储层的渗透率随着有效应力的增加而呈负指数衰减。然而，由于煤层所处地质环境复杂，其渗透率影响因素多样，目前在煤层渗透率与有效应力之间还没有建立统一的函数关系式(彭守建等，2009)。随着研究的不断深入，要获取复杂煤岩的渗流特征及其影响规律，通过单纯的物理实验已远远不够。

预测模型的完善为煤岩渗透性的预测和渗流规律的研究提供了可能。傅雪海等(2003)通过对山西沁水盆地中-南部主采煤层宏观裂隙的观测，建立了裂隙面密度与煤储层渗透率之间的预测数学模型；薄冬梅(2008)等对多个矿区煤样的不同类型裂隙及其开放率进行回归分析，发现构造裂隙和裂隙开放率是影响该区煤样渗透率的两个主控因素，该区的渗透率是构造裂隙和裂隙开放率的二元一次函数。为了更好地研究煤储层渗透性，国内外诸多学者进一步推导、完善了渗透率理论模型(Gray，1987；Seidle et al.，1992；Palmer and Mansoori，1996；Cui and Bustin，2005；Shi and Durucan，2005；Cui et al.，2007；Connell，2009；Connell et al.，2010；Liu and Rutqvist，2010；Chen et al.，2012；Pan and Connell，2012；孟召平和侯泉林，2013）。这些模型主要是基于单轴应力状态下的火柴棍模型(图1-2)，其中假设煤基质块体完全被割理割裂，彼此不相连，这些模型主要用于模拟现场条件(Enever et al.，1994；Sparks et al.，1995；Palmer and Mansoori，1996；Bell，2006；Meng et al.，2011；刘昂等，2016；Zou et al.，2016)。然而，考虑到煤岩的孔隙结构和渗流特征都具有明显的非均质性和各向异性，理论模型方法很难获得准确的煤岩的物理信息。

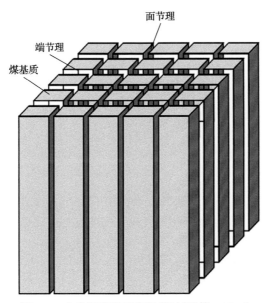

图 1-2 火柴棍模型示意图(据刘昂等，2016)

近年来，随着 CT 技术、图像处理以及计算机技术的快速发展，国内外学者对储层岩石微观尺度内的渗流开展了大量的数值模拟研究。目前，有关储层岩石的渗流模拟主要从数字岩心和孔隙网络模型两个角度进行(雷健等，2018)。

数字岩心的数值模拟起源于国外，国内目前还处于起步阶段(屈乐，2014)，这种方法以整体数字岩心为基础，考虑边界条件，利用数值模拟软件来进行流动模拟，从而得到岩石的渗流参数(图1-3)。Bird 等(2014)首先用 Avizo 软件构建出一块碳酸盐岩的数字岩心，然后用有限元软件 Comsol 进行了水流和电流在孔隙空间中的渗流模拟。刘向君等(2014)利用微米 CT 扫描技术建立了能够反映真实孔隙结构特征的砂岩的三维数字岩心模型，通过与有限元软件 Comsol 进行完美对接，实现了孔隙尺度的渗流模拟并计算获得砂岩的绝对渗透率。张思勤等(2016)基于构建的页岩的三维数字岩心，应用晶格玻尔兹曼(LBM)方法研究了不同尺度孔隙的渗流行为。Ju 等(2014)通过 LBM 方法模拟了甲烷气体在砂岩中的渗流行为，并对其流动过程的影响因素进行了分析。Ni 等(2017)通过求解纳维-斯托克斯方程，利用 Avizo 与 Comsol 对接技术进行了煤岩的单相水流的渗流模拟。Sun 等(2017)利用平行晶格玻尔兹曼方法有效地实现了富有机质泥岩中气体的三维流动过程，并获得了气体流在 X、Y、Z 三个方向上的速度分布图。

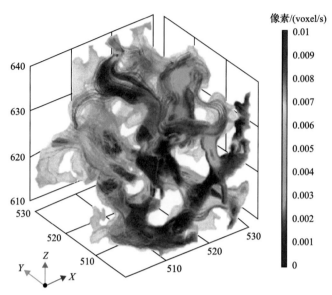

图 1-3　泥灰岩中流体的渗流模拟结果（据 Bird et al.，2014）

图中坐标轴上的数据表示网格空间的分辨率

另一种渗流模拟方法是先建立孔隙网络模型（图 1-4），采用孔隙级流动模拟理论和方法进行流动模拟并获得岩石的渗流参数（Raoof et al.，2013；Cao et al.，2014；Ma et al.，2014；Mehmani et al.，2013；Aghabozorgi and Rostami，2016；Huang et al.，2016）。孔隙网络模型最大的特点就是对三维数字岩心进行抽象化，从而大大简化了计算过程，

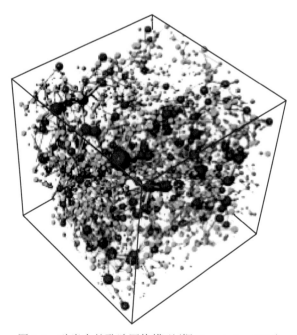

图 1-4　砂岩中的孔隙网络模型（据 Cao et al.，2014）

但与此同时也增加了其数值模拟的不确定。国外，澳大利亚国立大学的 Arns 研究团队
(Arns et al.，2002，2003，2004a，2004b，2004c；Arns，2004；Jones et al.，2009)、
英国帝国理工大学的 Blunt 研究团队(Blunt et al.，2002；Al-Gharbi，2004；Al-Gharbi
and Blunt，2005)、法国石油研究院的 Youssef 研究小组(Bauer et al.，2012)和美国斯
坦福大学的 Keehm 研究团队(Keehm，2003)开展了大量的研究工作并取得了重要成
果。国内，中国石油大学的朱益华科研团队(朱益华和陶果，2007；朱益华等，2007，
2008)和姚军科研团队(姚军等，2005，2007)在三维数字岩心建模和岩石数值模拟方
面取得了重要进展。但与国外相比，国内在储层岩石的渗流模拟方面的研究成果还相
对较少。

1.4 本书的研究内容

煤储层多尺度裂隙特征及其对渗透性的控制机理是煤地质学和煤层气地质学的重
要研究内容，是深入揭示煤层气有效开发和防治煤与瓦斯突出事故的理论基础。煤层
作为一种重要的矿产资源，同时也是共(伴)生矿产——煤层气的储集层，而裂隙就是
煤层气的主要储集和运移空间。研究表明，煤矿安全生产和煤层气开发是煤层气成藏
地质条件、煤层气赋存环境条件和工程力学条件综合作用的结果(孟召平和刘世民，
2018)，而煤中裂隙作为煤储层成藏条件和煤层气赋存环境的重要组成部分，对煤层气
的赋存和运移具有重要作用。

本书针对我国煤层气开发的特点，从煤储层裂隙结构特征和发育规律入手，结合
笔者多年来对煤中裂隙的研究经验和成果，重点介绍了煤中多尺度裂隙的表征方法；
对煤中不同尺度裂隙结构演化特征和发育特征及其主控因素进行研究，揭示了煤中裂
隙对煤储层渗透性的控制作用与机理；在此基础上，就纵波速度、裂隙发育特征以及
渗透率的相关关系进行了探讨。本书主要的研究内容如下：

(1)煤储层多尺度裂隙的精细表征方法构建。

基于煤中不同尺度裂隙非均质性特征及其对煤层气运移贡献的差异，结合笔者近
年来的研究成果，针对煤中不同尺度裂隙的主要研究方法及测试技术进行了系统分析
和总结，厘清了各种研究方法的优缺点及其适用范围，提出了一种较为准确的多尺度
裂隙精细定量表征方法。

(2)煤储层多尺度裂隙结构演化特征及影响因素。

结合笔者近年来关于不同尺度裂隙的研究成果，将煤中裂隙分为宏观裂隙、微米
尺度裂隙和纳米尺度裂隙，精细表征了裂隙密度、张开度、间距、粗糙度、连通性和
各向异性等裂隙结构参数，并揭示了煤中多尺度裂隙结构演化特征及其主控因素，以
期为今后煤层气开发选区和煤储层改造提供指导。

(3)多尺度裂隙对煤储层渗透性的控制机理及渗流模拟。

煤储层渗透性是决定煤层气开发效果的决定性因素之一，而煤中裂隙是控制煤储
层渗透性大小的直接因素。本书以典型矿区裂隙发育特征为切入点，揭示了煤储层裂隙
结构演化特征对煤储层渗透性的控制作用及其作用机理。基于纳米 CT 扫描技术构建

了煤的真三维微裂隙网络系统并进行了渗流模拟研究。

(4)纵波速度、裂隙发育特征及渗透率的关系。

作为一种无损检测方法,纵波速度已经广泛地应用于煤岩裂隙及渗透率的相关研究中,并取得了一定的研究成果。本书以典型矿区煤岩纵波速度特征为切入点,构建了煤岩纵波速度、裂隙发育特征及渗透率之间的相关关系,并探讨了其作用机制,研究结论对借助于纵波速度估算煤储层裂隙发育特征和渗透性大小具有指导意义。

参 考 文 献

白斌, 朱如凯, 吴松涛, 等. 2013. 利用多尺度 CT 成像表征致密砂岩微观孔喉结构. 石油勘探与开发, 40(3): 329-333

薄冬梅, 赵永军, 姜林, 等. 2008. 煤储层渗透性研究方法及主要影响因素. 油气地质与采收率, 15(1): 18-21

毕建军, 苏现波, 韩德馨, 等. 2001. 煤层割理与煤级的关系. 煤炭学报, 26(4): 346-349

曹艳, 龙胜祥, 李辛子, 等. 2014. 国内外煤层气开发状况对比研究的启示. 新疆石油地质, 35(1): 109-113

陈建国. 1976. 煤系岩心裂隙观测分析在推断断层方面的应用. 煤田地质与勘探, (3): 23-29

陈练武. 1998. 煤层割理研究在韩城矿区煤层气评价中的意义. 西安工程学院学报, 20(1): 33-35

程波, 叶佩鑫, 隆清明, 等. 2010. 煤基质收缩效应和有效应力对煤层渗透率影响的新数学模型. 矿业安全与环保, 37(2): 1-3

大塚一雄, 吴永满. 1984. 煤层瓦斯渗透性研究——关于粉煤压缩成型的渗透率. 煤矿安全, (4): 43-49, 53

樊明珠, 王树华. 1997. 煤层气勘探开发中的割理研究. 煤田地质与勘探, 25(1): 29-32

方爱民, 侯泉林, 雷家锦, 等. 2003. 煤变质作用对煤层气赋存和富集的控制——以沁水盆地为例. 高校地质学报, 9(3): 378-384

冯艳丽. 2000. 华北地区煤中裂隙的分类与成因. 焦作: 焦作工学院

傅雪海, 秦勇, 姜波, 等. 2003. 山西沁水盆地中-南部煤储层渗透率物理模拟与数值模拟. 地质科学, 38(2): 221-229

郭威, 潘继平. 2019. "十三五"全国油气资源勘查开采规划执行情况中期评估与展望. 天然气工业, 39(4): 111-117

黄德生. 1982. 煤层中的外生裂隙与煤和瓦斯突出的关系. 煤炭科学技术, (5): 44-46, 55

霍永忠, 张爱云. 1998. 煤层气储层的显微孔裂隙成因分类及其应用. 煤田地质与勘探, 26(6): 28-32

雷健, 潘保芝, 张丽华, 等. 2018. 基于数字岩心和孔隙网络模型的微观渗流模拟研究进展. 地球物理学进展, 33(2): 653-660

李宝林, 阎绣璋, 孟凡顺, 等. 1981. 焦作矿区地下水的形成条件及其通道的初步探讨. 焦作矿业学院学报, (1): 30-39

李小彦. 1998. 煤储层裂隙研究方法辨析. 中国煤田地质, 10(1): 30-31

林柏泉, 周世宁. 1987. 煤样瓦斯渗透率的实验研究. 中国矿业学院学报, (1): 24-31

刘昂, 黄海涛, 蒋一峰. 2016. 基于火柴棍模型的煤体迂曲度理论研究. 矿山工程, 4(3): 72-78

刘向君, 朱洪林, 梁利喜, 等. 2014. 基于微 CT 技术的砂岩数字岩石物理实验. 地球物理学报, 57(4): 1133-1140

孟召平, 侯泉林. 2012. 煤储层应力敏感性及影响因素的试验分析. 煤炭学报, 37(3): 430-437

孟召平, 侯泉林. 2013. 高煤级煤层渗透性与应力耦合模型及控制机理. 地球物理学报, 56(2): 667-675

孟召平, 刘世民. 2018. 煤矿区煤层气开发地质与工程. 北京: 科学出版社

孟召平, 田永东, 李国富, 等. 2009. 沁水盆地南部煤储层渗透性与地应力之间关系和控制机理. 自然科学进展, 19(10): 1142-1148

彭守建, 许江, 陶云奇, 等. 2009. 煤样渗透率对有效应力敏感性实验分析. 重庆大学学报, 32(3): 303-307

屈乐. 2014. 基于低渗透储层的三维数字岩心建模及应用. 西安: 西北大学

苏现波, 冯艳丽, 陈江峰, 等. 2002. 煤中裂隙的分类. 煤田地质与勘探, 30(4): 21-24

孙培德, 凌志仪. 2000. 三轴应力作用下煤渗透率变化规律实验. 重庆大学学报(自然科学版), 23: 28-31

唐巨鹏, 潘一山, 李成全, 等. 2006. 有效应力对煤层气解吸渗流影响试验研究. 岩石力学与工程学报, 25(8): 1563-1568

王生维, 陈钟惠, 张明. 1995. 煤基岩块孔裂隙特征及其在煤层气产出中的意义. 地球科学, (5): 557-561, 608

王生维, 张明, 庄小丽. 1996. 煤储层裂隙形成机理及其研究意义. 地球科学, (6): 73-76

王生维, 段连秀, 陈钟慧, 等. 2004. 煤层气勘探开发中的煤储层评价. 天然气工业, 24(5): 82-84

杨起, 韩德馨. 1979. 中国煤田地质学(上册). 北京: 煤炭工业出版社

姚军, 赵秀才, 衣艳静, 等. 2005. 数字岩心技术现状及展望. 油气地质与采收率, 12(6): 52-54

姚军, 赵秀才, 衣艳静, 等. 2007. 储层岩石微观结构性质的分析方法. 中国石油大学学报(自然科学版), 31(1): 80-86

姚艳斌, 刘大猛, 黄文辉, 等. 2006. 两淮煤田煤储层孔–裂隙系统与煤层气产出性能研究. 煤炭学报, 31(2): 163-168

叶建平, 史保生, 张春才, 等. 1999. 中国煤储层渗透性及其主要影响因素. 煤炭学报, 24(2): 118-122

曾勇, 屈永华, 宋金宝. 2000. 煤层裂隙系统及其对煤层气产出的影响. 江苏地质, 24(2): 91-94

张慧, 王晓刚, 员争荣, 等. 2002. 煤中显微裂隙的成因及其研究意义. 岩石矿物学杂志, 21(3): 278-284

张健, 汪志明. 2008. 煤层应力对裂隙渗透率的影响. 中国石油大学学报(自然科学版), 32(6): 92-95

张胜利. 1995. 煤层割理的形成机理及在煤层气勘探开发评价中的意义. 煤田地质与勘探, (1): 27-30

张胜利, 李宝芳. 1996. 煤层割理的形成机理及在煤层气勘探开发评价中的意义. 中国煤田地质, 8(1): 72-77

张思勤, 汪志明, 洪凯, 等. 2016. 基于格子 Boltzmann 方法的 3D 数字岩心渗流特征分析. 测井技术, 40(1): 18-22

张素新, 肖红艳. 2000. 煤储层中微孔隙和微裂隙的扫描电镜研究. 电子显微学报, 19(4): 531-532

赵路正, 吴立新, 管世辉. 2020. 煤层气开发利用规划实施影响因素与对策建议. 煤炭经济研究, 40(12): 65-69

钟玲文. 2004. 煤内生裂隙的成因. 中国煤田地质, 16(3): 6-9

周世宁. 1990. 瓦斯在煤层中流动的机理. 煤炭学报, (1): 15-24

朱益华, 陶果. 2007. 顺序指示模拟技术及其在 3D 数字岩心建模中的应用. 测井技术, 31(2): 112-115

朱益华, 陶果, 方伟, 等. 2007. 图像处理技术在数字岩心建模中的应用. 石油天然气学报, 29(5): 54-57

朱益华, 陶果, 方伟, 等. 2008. 3D 多孔介质渗透率的格子 Boltzmann 模拟. 测井技术, 32(1): 25-28

Aghabozorgi S H, Rostami B. 2016. Evaluation of regular-based pore networks for simulation of Newtonian two phase flow. Journal of Natural Gas Science and Engineering, 35: 54-67

Al-Gharbi M S, Blunt M J. 2005. Dynamic network modeling of two-phase drainage in porous media. Physical Review, 71(1): 6308-6324

Al-Gharbi M S. 2004. Dynamic pore-scale modelling of two-Phase flow. London: Imperial College London

Ammosov II, Eremin I V. 1963. Fracturing in Coal. Moscow: IZDAT Publishers

Arns C H. 2004. A comparison of pore size distributions derived by NMR and X-Ray-CT Techniques. Physica A: Statistical Mechanics and Its Applications, 339(1-2): 159-165

Arns C H, Knackstedt M A, Pinczewskiz W V, et al. 2002. Computation of linear elastic properties from microtomographic images: Methodology and agreement between theory and experiment. Geophysics, 67(5): 1396-1405

Arns J Y, Arns C H, Sheppard A P, et al. 2003. Relative permeability from tomographic images: Effect of correlated heterogeneity. Journal of Petroleum Science and Engineering, 39(3-4): 247-259

Arns C H, Bauget F, Ghous A, et al. 2004a. Digital core laboratory: Petrophysical analysis from 3D imaging of reservoir core fragments. Petrophysics, 46(4): 260-277

Arns C H, Knackstedt M A, Pinczewski W V, et al. 2004b. Virtual permeametry on microtomographic images. Journal of Petroleum Science and Engineering, 45(1-2): 41-46

Arns J Y, Robins V, Sheppard A P, et al. 2004c. Effect of network topology on relative permeability. Transport in Porous Media, 55(1): 21-46

Bauer D, Youssef S, Fleury M, et al. 2012. Improving the estimations of petrophysical transport behavior of carbonate rocks using a dual pore network approach combined with computed microtomography. Transport in Porous Media, 94(2): 505-524

Bell J S. 2006. In-situ stress and coalbed methane potential in Western Canada. Bulletin of Canadian Petroleum Geology, 54(3): 197-220

Bera B, Mitra S, Vick D. 2011. Understanding the micro structure of Berea Sandstone by the simultaneous use of micro-computed tomography (micro-CT) and focused ion beam-scanning electron microscopy (FIB-SEM). Micron, 42(5): 412-418

Bird M B, Butler S L, Hawkes C D, et al. 2014. Numerical modeling of fluid and electrical currents through geometries based on synchrotron X-ray tomographic images of reservoir rocks using Avizo and COMSOL. Computers & Geosciences, 73: 6-16

Blunt M J, Jackson M D, Piri M, et al. 2002. Detailed physics, predictive capabilities and macroscopic consequences for pore-network models of multiphase flow. Advances in Water Resources, 25(8-12): 1069-1089

Boadu F K. 1997. Fractured rock mass characterization parameters, seismic properties: Analytical studies. Journal of Applied Geophysics, 37(1): 1-19

Boit M A. 1941. General theory of three-dimensional consolidation. Journal of Applied Physics, 12(2): 155-164

Bóna A, Nadri D, Brajanovski M. 2012. Thomsen's parameters from P-wave measurements in a spherical sample. Geophysical Prospecting, 60: 103-116

Cao T K, Duan Y G, Yu B M, et al. 2014. Pore-scale simulation of gas-water flow in low permeability gas reservoirs. Journal of Central South University, 21(7): 2793-2800

Cardarelli E, Cercato M, Donno G D. 2014. Characterization of an earth-filled dam through the combined use of electrical resistivity tomography, P- and SH-wave seismic tomography and surface wave date. Journal of Applied Geophysics, 106: 87-95

Chen Y, Tang D Z, Xu H, et al. 2015. Pore and fracture characteristics of different rank coals in the eastern margin of the Ordos Basin, China. Journal of Natural Gas Science and Engineering, 26: 1264-1277

Chen Z W, Liu J S, Pan Z J, et al. 2012. Influence of the effective stress coefficient and sorption-induced strain on the evolution of coal permeability: Model development and analysis. International Journal of Greenhouse Gas Control, 8(5): 101-110

Connell L D. 2009. Coupled flow and geomechanical processes during gas production from coal seams. International Journal of Coal Geology, 79(1): 18-28

Connell L D, Lu M, Pan Z J. 2010. An analytical coal permeability model for tri-axial strain and stress conditions. International Journal of Coal Geology, 84(2): 103-114

Cui X J, Bustin R M. 2005. Volumetric strain associated with methane desorption and its impact on coalbed gas production from deep coal seams. AAPG Bulletin, 89(9): 1181-1202

Cui X J, Bustin R M, Chikatamarla L. 2007. Adsorption-induced coal swelling and stress, implications for methane production and acid gas sequestration into coal seams. Journal of Geophysical Research Solid Earth, 112(B10): 1-16

Daniels E J, Altaner S P. 1990. Clay mineral authigenesis in coal and shale from the Anthracite region, Pennsylvania. American Mineralogist, 75(7-8): 825-839

Dawson G K W, Esterle J S. 2010. Controls on coal cleat spacing. International Journal of Coal Geology, 82(3-4): 213-218

Dron R W. 1925. Notes on cleat in the Scottish coalfield. Transactions of the Institution of Mining and Engineering, 70: 115-117

Durucan S, Edwards J S. 1986. The effects of stress and fracturing on permeability of coal. Mining Science and Technology, 3(3): 205-216

Enever J R E, Henning A. 1997. The relationship between permeability and effective stress for Australian coal and its implications with respect to coalbed methane exploration and reservoir modeling. Tuscaloosa: Proceedings of the 1997 International Coalbed Methane Symposium: 13-22

Enever J R, Pattison C I, McWatters R H, et al. 1994. The relationship between in-situ stress and reservoir permeability as a component in developing an exploration strategy for coalbed methane in Australia//Eurock 94, Rock Mechanics in Petroleum Engineering: 163-171

Esterhuizen G S. 1995. Rock engineering evaluation of jointing in South African coal seams and its potential effect on coal pillar strength//Rossmanith H P. Mechanics of Faulted and Jointed Rock, Balkema, Rotterdam: 807-812

Gamson P D, Beamish B B, Johnson D P. 1993. Coal microstructure and micro permeability and their effects on natural gas recovery. Fuel, 72(1): 87-99

Giovanni L, Lara D G. 2006. Experimental studies on the effects of fracture on the P and S wave velocity propagation in sedimentary rock ("Calcarenite del Salento"). Engineering Geology, 84: 130-142

Ghorbani A, Zamora M, Cosenza P. 2009. Effects of desiccation on the elastic wave velocities of clay-rocks. International Journal of Rock Mechanics & Mining Sciences, 46: 1267-1272

Gray I. 1987. Reservoir engineering in coal seams: Part 1. The physical process of gas storage and movement in coal seams. SPE Reservoir Engineering, 2(1): 28-34

Gresley W S. 1892. Theory for "cleat" in Coal-seams. Geological Magazine, 9(11): 523

Hanes J, Shepherd J. 1981. Mining induced cleavage, cleats and instantaneous outbursts in the Gemini seam at Leichhardt Colliery, Blackwater, Queensland. Ausl IMM, 277: 17-26

Harpalani S, Chen G L. 1997. Influence of gas production induced volumetric strain on permeability of coal. Geotechnical and Geological Engineering, 15(4): 303-325

Holt R T. 1997. Stress dependent wave velocities in sedimentary rock cores: Why and why not. International Journal of Rock Mechanics and Mining Sciences & Geomechanics Abstracts, 34: 261-276

Huang X, Bandilla K W, Celia M A. 2016. Multi-physics pore-network modeling of two-phase shale matrix flows. Transport in Porous Media, 111(1): 123-141

Jones A C, Arns C H, Hutmacher D W, et al. 2009. The correlation of pore morphology, interconnectivity and physical properties of 3D ceramic scaffolds with bone ingrowth. Biomaterials, 30(7): 1440-1451

Ju Y, Wang J B, Gao F, et al. 2014. Lattice Boltzmann simulation of microscale CH_4 flow in porous rock subject to force-induced deformation. Chinese Science Bulletin, 59(26): 3293-3303

Karacan C Ö, Okandan E. 2000. Fracture/cleat analysis of coals from Zonguldak basin (northwestern Turkey) relative to the potential of coalbed methane production. International Journal of Coal Geology, 44(2): 109-125

Kassab M A, Weller A. 2011. Porosity estimation from compressional wave velocity: A study based on Egyptian sandstone formations. Journal of Petroleum Science and Engineering, 78: 310-315

Keehm Y. 2003. Computational rock physics: Transport properties in porous media and applications. Stanford: Stanford University

Kulander B R, Dean S L. 1993. Coal-cleat domains and domain boundaries in the Allegheny Plateau of West Virginia. AAPG Bulletin, 77(8): 1374-1388

Kumar H, Lester E, Kingman S. 2011. Inducing fractures and increasing cleat apertures in a bituminous coal under isotropic stress via application of microwave energy. International Journal of Coal Geology, 88(1): 75-82

Laubach S E, Tremain C M, Ayers W B. 1991. Coal fracture studies: Guides for coalbed methane exploration and development. Journal of Coal Quality, 10: 81-88

Laubach S E, Marrett R A, Olson J E, et al. 1998. Characteristics and origins of coal cleat: A review. International Journal of Coal Geology, 35(1-4): 175-207

Levine J R. 1996. Model study of the influence of matrix shrinkage on absolute permeability of coal bed reservoirs. Geological Society Special Publication, 109(1): 197-212

Li T, Wu C F, Liu Q. 2015. Characteristics of coal fractures and the influence of coal facies on coalbed methane productivity in the South Yanchuan Block, China. Journal of Natural Gas Science and Engineering, 22: 625-632

Li Y, Tang D Z, Xu H, et al. 2014. Experimental research on coal permeability: The roles of effective stress and gas slippage. Journal of Natural Gas Science and Engineering, 21: 481-488

Liu C, Shi B, Zhou J, et al. 2011. Quantification and characterization of microporosity by image processing, geometric measurement and statistical methods: Application on SEM images of clay materials. Applied Clay Science, 54(1): 97-106

Liu H H, Rutqvist J. 2010. A new coal-permeability model: Internal swelling stress and fracture-matrix interaction. Transport in Porous Media, 82(1): 157-171

Ma J S, Sanchez J P, Wu K J, et al. 2014. A pore network model for simulating non-ideal gas flow in micro- and nano-porous materials. Fuel, 116: 498-508

McKee C R, Bumb A C, Koenig R A. 1988. Stress-dependent permeability and porosity of coal and other geologic formations. SPE Formation Evaluation, 3(1): 81-91

Mehmani A, Prodanović M, Javadpour F. 2013. Multiscale, multiphysics network modeling of shale matrix gas flows. Transport in Porous Media, 99(2): 377-390

Meng Z P, Li G Q. 2013. Experimental research on the permeability of high-rank coal under varying stress and its influencing factors. Engineering Geology, 162(14): 108-117

Meng Z P, Zhang J C, Wang R. 2011. In-situ stress, pore pressure and stress-dependent permeability in the southern Qinshui Basin. International Journal of Rock Mechanics & Mining Sciences, 48(1): 122-131

Molinda G M, Mark C. 1996. Rating the strength of coal mine roof rocks//Aubertin M, Hassani F, Mitri H. Proceedings of 2nd North American Rock Mechanics Symposium, Balkema, Rotterdam: 413-422

Moore T A. 2012. Coalbed methane: A review. International Journal of Coal Geology, 101: 36-81

Nelson C R. 2000. Effects of geologic variables on cleat porosity trends in coalbed gas reservoirs. SPE Proceedings Gas Technology Symposium. Houston: Society of Petroleum Engineers: 651-655

Ni X M, Miao J, Lv R S, et al. 2017. Quantitative 3D spatial characterization and flow simulation of coal macropores based on μCT technology. Fuel, 200: 199-207

Palmer I, Mansoori J. 1996. How permeability depends on stress and pore pressure in coalbeds: A new model. SPE Reservoir Evaluation & Engineering, 1(6): 539-544

Pan Z J, Connell L D. 2012. Modelling permeability for coal reservoirs: A review of analytical models and testing data. International Journal of Coal Geology, 92: 1-44

Paul S, Chatterjee R. 2011. Determination of in-situ stress direction from cleat orientation mapping for coal bed methane exploration in south-eastern part of Jharia coalfield, India. International Journal of Coal Geology, 87(2): 87-96

Pollard D D, Aydin A. 1998. Progress in understanding jointing over the past century. Geological Society of America Bulletin, 100(8): 1181-1204

Price N J. 1959. Mechanics of jointing in rocks. Geological Magazine, 96(2): 149-167

Ramandi H L, Mostaghimi P, Armstrong R T, et al. 2016. Porosity and permeability characterization of coal: A micro-computed tomography study. International Journal of Coal Geology, 154-155: 57-68

Raoof A, Nick H M, Hassanizadeh S M, et al. 2013. Pore flow: A complex pore-network model for simulation of reactive transport in variably saturated porous media. Computers & Geosciences, 61(4): 160-174

Rippon J H, Ellison R A, Gayer R A. 2006. A review of joints (cleats) in British Carboniferous coals: Indicators of palaeo stress orientation. Proceedings of the Yorkshire Geological Society, 56(1): 15-30

Secor D T. 1965. Role of fluid pressure in jointing. American Journal of Science, 263(8): 633-646

Segall P. 1984. Formation and growth of extensional fracture sets. Geological Society of America Bulletin, 95(4): 454-462

Seidle J P, Jeansonne M W, Erickson D J. 1992. Application of matchstick geometry to stress dependent permeability in coals//SPE Rocky Mountain Regional Meeting, Casper, Wyoming: 433-444

Shepherd J, Rixon L K, Griffiths L. 1981. Rock mechanics review, outbursts and geological structures in coal mines. International Journal of Rock Mechanics & Mining Sciences & Geomechanics Abstracts, 18(4): 267-283

Shi J Q, Durucan S. 2005. A model for changes in coalbed permeability during primary and enhanced methane recovery. SPE Reservoir Evaluation & Engineering, 8(4): 291-299

Shi X H, Pan J N, Hou Q L, et al. 2018. Micrometer-scale fractures in coal related to coal rank based on micro-CT scanning and fractal theory. Fuel, 212: 162-172

Simmons G, Richter D. 1976. Microcracks in rock//Strens R G J. The Physics and Chemistry of Minerals and Rocks. New York: Wiley: 105-137

Somerton W H, Söylemezoğlu I M, Dudley R C. 1975. Effect of stress on permeability of coal. International Journal of Rock Mechanics & Mining Sciences & Geomechanics Abstracts, 12(5-6): 129-145

Sparks D P, McLendon T H, Saulsberry J L, et al. 1995. The effects of stress on coalbed reservoir performance, Black Warrior Basin, U.S.A//SPE Annual Technical Conference and Exhibition, Dallas

Spearsa D A, Caswell S A. 1986. Mineral matter in coals: Cleat minerals and their origin in some coals from the English midlands. International Journal of Coal Geology, 6(2): 107-125

Steeg K V. 1942. Jointing in the coal beds of Ohio. Economic Geology, 37 (6): 503-509

Su X B, Feng Y L, Chen J F. 2001. The characteristics and origins of cleat in coal from Western North China. International Journal of Coal Geology, 47 (1): 51-62

Sun H F, Guo T, Sandra V, et al. 2017. Simulation of gas flow in organic-rich mudrocks using digital rock physics. Journal of Natural Gas Science and Engineering, 41: 17-29

Ting F T C. 1977. Origin and spacing of cleats in coal beds. Journal of Pressure Vessel Technology, 99 (4): 624-626

Vandersteen K, Busselen B, Van Den Abeele K, et al. 2003. Quantitative characterization of fracture apertures using microfocus computed tomography. Geological Society London Special Publications, 215 (1): 61-68

Yao Y B, Liu D M, Che Y, et al. 2009. Non-destructive characterization of coal samples from China using microfocus X-ray computed tomography. International Journal of Coal Geology, 80 (2): 113-123

Yoshitaka N, Philip G M, Tetsuro Y, et al. 2011. Influence of macro-fractures and micro-fractures on permeability and elastic wave velocities in basalt at elevated pressure. Tectonophysics, 503: 52-59

Zeng K H, Xu J X, He P F, et al. 2011. Experimental study on permeability of coal sample subjected to triaxial stresses. Procedia Engineering, 26 (1): 1051-1057

Zhang J C, Lang J, Standifird W. 2009. Stress, porosity, and failure-dependent compressional and shear velocity ratio and its application to wellbore stability. Journal of Petroleum Science and Engineering, 69: 193-202

Zhang Y H, Lebedev M, Sarmadivaleh M, et al. 2016. Swelling effect on coal micro structure and associated permeability. Fuel, 182: 568-576

Zhao Y S, Hu Y Q, Wei J P, et al. 2003. The experimental approach to effective stress law of coal mass by effect of methane. Transport in Porous Media, 53 (3): 235-244

Zou J P, Chen W Z, Yang D S, et al. 2016. The impact of effective stress and gas slippage on coal permeability under cyclic loading. Journal of Natural Gas Science and Engineering, 31: 236-248

第 2 章
煤储层多尺度裂隙特征

　　煤中广泛发育各种尺度的裂隙，各尺度裂隙的发育特征及其连通关系对煤储层渗透性均具有一定的控制作用。目前关于煤中裂隙的研究方法很多，主要包括直接观察法（肉眼直接观测、体视显微镜观测、偏光显微镜观测、扫描电子显微镜观测等）（Karacan and Okandan，2000；张素新和肖红艳，2000；姚艳斌等，2006；Wang et al.，2018）、X 射线 CT 扫描技术（Karacan and Okandan，2000；白斌等，2013；Shi et al.，2018）和声波测试方法（Boadu，1997；Giovanni and Lara，2006；Yoshitaka et al.，2011）等，然而，单一的实验方法无法对全尺度裂隙发育特征进行详细准确的表征。笔者结合多年煤中裂隙的研究经验，提出了一种准确、经济的全尺度裂隙表征方法，并以典型矿区煤样为例进行综合研究，提示了我国典型矿区煤储层多尺度裂隙结构演化特征。

2.1　煤中裂隙的研究思路

　　要开展煤中裂隙的研究工作，首先，要能够准确地识别出煤中裂隙，而不同成因的裂隙往往存在不同的表现形式和空间形态，从成因的角度对裂隙进行分类是裂隙识别的重要依据。其次，裂隙测量要素的选取是认识裂隙的重要步骤。最后，鉴于不同的实验方法具有特定的裂隙测试精度范围，选取适当的实验方法对裂隙进行定量表征是保证裂隙数据准确性和可靠性的前提。

2.1.1　煤中裂隙的识别

　　按照煤中裂隙的成因将煤中裂隙分为内生裂隙和外生裂隙两种。区分煤中两种裂隙的主要依据是裂隙与不同煤岩组分之间的关系。

　　1. 内生裂隙发育特征

　　在煤层气领域，内生裂隙常被称为割理（苏现波等，2002）。在煤层中，内生裂隙发育在垂直煤层层理方向上且不穿过不同的宏观煤岩组分，主要发育在镜煤、亮煤和暗煤中，丝炭中未见内生裂隙发育，裂隙高度小于作为载体的某一宏观煤岩组分厚度。

在层面方向上，按照内生裂隙的延伸方向，可将其分为两组：形成较早、延伸较长、发育较好的一组称为面割理；形成较晚、延伸较短、通常终止于面割理之间的割理称为端割理。从两组割理的形态、延伸长度、形成顺序和发育程度能够区分面割理和端割理。

2. 外生裂隙发育特征

外生裂隙是构造应力作用的产物，外生裂隙的发育程度和发育方向受构造应力的直接影响。外生裂隙通常较内生裂隙延伸更远、开度更大，其高度通常可达数米，可以以任何角度和煤层层面相交，可穿过不同的宏观煤岩组分，甚至延伸至煤层的顶底板中。

3. 内生裂隙(割理)与外生裂隙的区别

苏现波等(2002)从裂隙形成的力学性质、裂隙发育区域、与层理面的关系、裂隙面状况及裂隙充填状况五个方面，对内生裂隙与外生裂隙进行详细对比，发现内生裂隙(割理)主要为张性裂隙，主要发育于特定的煤岩组分，垂直于层理面发育，且裂隙面通常较为光滑，无受力产生的错动痕迹；外生裂隙则不同，可在张拉、剪切，甚至张剪作用力下形成，其发育通常不受煤岩组分控制，与层面之间的夹角无规律，裂隙面通常具有明显的受力错动痕迹，且容易充填碎煤粒(表 2-1)。

表 2-1　内生裂隙和外生裂隙的区别

参数	内生裂隙(割理)	外生裂隙
力学性质	张性为主	张性、剪性、张剪性
发育区域	不穿过不同煤岩类型，在不同煤岩类型中发育状况不同 (镜煤>亮煤>暗煤)	不受煤岩类型限制
与层理面关系	垂直或近垂直于层理面	可以与层理面以任何角度相交
裂隙面状况	一般比较平整，无擦痕	有擦痕、阶步、反阶步
裂隙填充状况	一般填充方解石、黄铁矿和黏土，极少有碎煤粒	除了方解石、黄铁矿和黏土， 还有碎煤粒

2.1.2　煤中裂隙的表征参数

裂隙发育特征控制着岩石的诸多物理性质，如强度、孔隙度和渗透率等(Reiss，1980；Palmer and Mansoori，1996，1998；Bai and Elsworth，2000；Cui and Bustin，2005；Gu and Chalaturnyk，2005)，裂隙表征参数的选取对准确评价裂隙发育特征具有重要意义。单条裂隙的特征可以通过裂隙延伸方向、尺寸、形态、裂隙类型和矿物填充等属性进行表征，而多条裂隙的特征则需要分析其裂隙组的属性(如相交情况、节点类型、空间取向、迹线长度或面积等)。常用的裂隙表征参数包括裂隙形状因子、裂隙数量、裂隙开度、裂隙长度、裂隙高度、裂隙密度(线密度、面密度和体密度)和裂隙体积(裂隙度)等基本参数，裂隙的充填情况，裂隙组合类型(连通情况)(Close，1993；Laubach et al.，1998)以及裂隙分形相关参数(分形维数)等。

1. 裂隙基本参数

裂隙的基本参数主要是指在裂隙研究中常用的、能够反映裂隙发育特征和规模的参数，主要包括反映裂隙自身发育特征的裂隙形状因子、裂隙开度、长度、高度及反映裂隙发育规模的裂隙数量、裂隙密度和裂隙体积(裂隙度)等。其中裂隙数量即研究对象裂隙发育条数的多少，其他的相关参数则因研究目的不同而存在不同的计算方法，需要进行分别介绍。

1) 裂隙形状因子

煤体属于双重介质体系，煤层气在煤层中的运移主要表现为窜流(Warren and Root，1963；Coats，1989；Lim and Aziz，1995；Rangel-German and Kovscek，2005；Sarma and Aziz，2006)。Warren 等(1963)提出了描述裂缝性储集层的双孔单渗模型，成为应用最广泛的描述裂缝性油藏的模型，其采用形状因子描述基质与裂缝之间的窜流过程。至此形状因子的研究日渐增多，学者主要依据基质、裂隙、拟稳态和非稳态分别定义了不同的形状因子，但是这些研究多集中于常规油气藏等行业，煤储层中的相关研究较少(范章群和夏致远，2009)，且其所表达的意义存在差异。在油气领域内，形状因子通常涉及孔隙喉道形状因子和裂缝性油藏的形状因子。

孔喉的形状因子控制着孔隙喉道的形状大小，不涉及流体的交换(何勇明，2007)，其表达式为

$$G = \frac{A}{P^2} \tag{2-1}$$

式中，G 为孔隙喉道形状因子；A 为孔隙喉道的横断面积；P 为孔隙喉道的周长。

对于裂缝性油藏的形状因子，其不仅要反映基质块的几何形状，还控制着基质和裂隙系统之间的流体交换(何勇明，2007)，其表达式为

$$\alpha = \frac{S}{V} \cdot \frac{1}{X} \tag{2-2}$$

式中，α 为形状因子；S 为流体流经基质块的横断面积；V 为基质块体的总体积；X 为计算压力降时的流体流动距离。

2) 裂隙开度

裂隙开度通常是指裂隙的张开程度，用裂隙壁之间的垂直距离来表示，单位通常为毫米。需要注意的是，裂隙开度与裂隙宽度是两个概念，应注意区分。

裂隙的开度是决定煤层渗透性的关键性因素之一，Scott（2002）基于圣胡安盆地的样品数据认为，开度介于 4～50μm 的裂隙最有利于煤层气生产，较大开度的裂隙虽然有更大的渗透率，但是在生产过程中，产水量也大。

3）裂隙长度

裂隙长度，顾名思义，即裂隙延伸的长度。裂隙长度同样是决定煤层渗透性的关键因素之一，其对渗透率的影响作用甚至大于裂隙开度（Philip et al.，2005），尤其是对裂隙连通性不好的样品。

4）裂隙高度

裂隙高度，即裂隙发育的高度。相对于裂隙开度和裂隙长度，裂隙高度在裂隙研究中出现的频率较小，研究发现，裂隙高度与裂隙间距成反比关系（Dawson and Esterle，2010），与裂隙开度同样具有线性关系（Laubach et al.，1998）：

$$h = db \tag{2-3}$$

式中，h 为裂隙高度；d 为经验常数，其数值大约为 1000；b 为裂隙开度。

5）裂隙密度

裂隙密度通常包括线密度、面密度和体密度，三个密度参数分别适用于不同尺度、不同维度的裂隙研究工作。

裂隙线密度（f_1）是指与测量线段相交的裂隙条数（n_1）与测量线段长度（l）的比值。通常用于宏观裂隙密度的统计工作。其表达式为

$$f_1 = \frac{n_1}{l} \tag{2-4}$$

裂隙面密度（f_2）是指在某测量截面上的裂隙条数（n_2）与该截面面积（S）的比值。通常用于微米尺度裂隙密度的统计中，在宏观裂隙和纳米尺度裂隙统计中也可使用。其表达式为

$$f_2 = \frac{n_2}{S} \tag{2-5}$$

裂隙体密度（f_3）是指单位体积样品中裂隙的总条数，主要用于微米和纳米尺度裂隙密度的统计工作。其表达式为

$$f_3 = \frac{n_3}{V} \tag{2-6}$$

式中，n_3 为某测量体积内裂隙的总条数；V 为该样品体积。

裂隙密度是反映裂隙发育密集程度的重要指标之一，其发育特征与煤级和煤岩组分有密切关系（Ting，1977）。Levine（1993）的研究表明，从褐煤到无烟煤中裂隙密度随煤级的增长呈 U 形变化趋势；Close 和 Mavor（1991）认为，煤中割理密度与煤级呈正相

关关系，与镜煤条带厚度呈负相关关系。

6）裂隙体积

裂隙体积，顾名思义，即研究区域或所选样品裂隙发育的体积，研究中通常用裂隙度来反映。裂隙度是指裂隙总体积与样品体积的比值，是反映裂隙发育规模的重要参数。其表达式为

$$\varphi = \frac{V_1}{V_2} \tag{2-7}$$

式中，φ 为裂隙度；V_1 为裂隙总体积；V_2 为样品体积。

2. 裂隙的充填情况

裂隙在地质历史发展过程中往往会充填矿物或其他组分，其充填情况是还原地区地质发展史的有力证据，也是矿产资源富集的场所（陈柏林等，2021）。裂隙充填情况是影响煤层裂隙渗透率的关键因素。依据裂隙的充填程度，可以将裂隙分为完全充填裂隙、半充填裂隙和未充填裂隙（张胜利，1995）。煤储层裂隙中的主要充填物为矿物质，最常见的充填矿物为方解石，其次为黏土和黄铁矿（张胜利，1995）。

3. 裂隙组合类型

裂隙组合类型是反映裂隙间相关关系的重要参数，通常情况下将裂隙的组合类型划分为网状、孤立网状和孤立状（樊明珠和王树华，1997）。但实际情况中，裂隙的组合关系十分复杂，裂隙相交的条数、角度及各个裂隙发育的形态（粗细、曲直）不同，构成了复杂的裂隙组合关系。

鉴于煤中裂隙组合类型的复杂性，为了简化计算，通常选取裂隙连通性来表示裂隙之间的相关关系。不同学者对裂隙的连通性的计算方法存在差异。Mou 等（2021）主要依据裂隙间的拓扑关系，将煤中裂隙网络分为分支和节点两个组成部分。裂隙网络以节点为分界点，临近节点之间形成分支，每个节点可连接两条裂隙，煤中相交裂隙的节点同时被两条裂隙共用，根据节点的个数 N_C 和裂隙总条数 N，可以得到每条裂隙平均连接的裂隙数［式（2-8）］，即一条裂隙平均与几条裂隙相连通。其表达式为

$$C_L = \frac{2N_C}{N} \tag{2-8}$$

参照裂隙面密度的定义方式同样可以定义裂隙连通性。Wang 等（2018）将裂隙连通性定义为样品表面裂隙交叉点的总数与样品表面积的比值。其表达式为

$$f_c = \frac{n_i}{A} \tag{2-9}$$

式中，f_c 为裂隙连通性；n_i 为裂隙交叉点个数；A 为样品表面积。

4. 裂隙分形相关参数

分形几何学是研究物体分形特征的重要方法，它能够提供有关分形物体的复杂度和不规则程度的有效信息（Fernández-Martínez and Sánchez-Granero，2016；Pan et al.，2016）。分形几何学在煤中裂隙的研究主要集中在四个方面：①裂隙密度的分形测量（La Pointe，1988；Liu et al.，2016）；②区分孔裂隙特征（Li et al.，2013）；③裂隙面粗糙度特征（Barton and Choubey，1977；Robinson，1983；Turk et al.，1987；Jin et al.，2017）；④渗透率预测（Cai et al.，2016），其中最重要的参数是分形维数。

豪斯多夫维数是最早被提出的分形维数，然而，这一分维数在实际应用中却很难计算。而后，学者们通过裂隙壁的分形维数与节理粗糙度系数（JRC）曲线分形维数对比，发现分形维数可以有效地用于裂隙粗糙度的定量研究（Turk et al.，1987；Lee et al.，1990；Sakellariou et al.，1991；Seidel and Haberfield，1995）。流体在裂隙中流动所引起的裂隙两壁几何特征及接触情况的变化会引起渗透率的变化（Cook et al.，1990；Murata and Saito，2003；Jin et al.，2017）。因此，通过分形维数对裂隙壁粗糙度进行定量研究对于查明流体在裂隙中的渗透机理具有重要意义。

分形维数的计算方法有很多，其中应用最广泛的是盒维数法。这一分维方法的优点在于简单性和高可计算性（Wang et al.，2012；Fernández-Martínez and Sánchez-Granero，2016）。Pontrjagin 和 Schnirelman（1932）最早给出了盒维数的经典定义，随后 Falconer（2005）对盒维数做了进一步的理论研究。在计算盒维数之前需要先将 CT 扫描的二维切片图进行二值化处理。简单来说，盒维数法就是将图像空间分割成若干个边长为 r 的正方形盒子（Sankar and Thomas，2010）。用于覆盖分形结构边长为 r 的非空盒子的数量 $N(r)$ 取决于 r：

$$N(r) \sim r^{-D} \tag{2-10}$$

因此，盒维数算法就是先计算不同 r 值条件下的 $N(r)$ 的值，然后绘制 $N(r)$ 的对数值与 r 的对数值之间的曲线，分形维数 D 即为 Richardson 图的最佳拟合曲线斜率：

$$-D = \lim_{r \to 0} \frac{\lg N(r)}{\lg r} \tag{2-11}$$

本书中微纳米 CT 图片中裂隙的盒维数计算主要是在软件 ImageJ 的插件中通过不断改变盒子大小（2 的乘方）实现的。

此外，不同值的尺度 r_i 同样可以用于裂隙剖面的刻画，进而实现分形维数的计算。当 $r_1 < r_2$ 时，测量的总长度分别是 $L_1 = N_1 r_1$ 和 $L_2 = N_2 r_2$，我们知道 L_1 的值大于 L_2（起伏不平的裂隙剖面总长度由于测量尺度的增加而减小）。因此测量尺度和测量的总长度可以表达为

$$L(r) \approx N(r)^{1-D} \tag{2-12}$$

当 $L=1$ 时，D 的值可以通过式(2-13)得出

$$D = 1 - \frac{\lg L}{\lg R} \qquad (2\text{-}13)$$

2.1.3 煤中裂隙的研究方法及其适用范围

煤中裂隙跨越尺度较大，单一的研究方法不能实现对多尺度裂隙的定量表征工作，因此，当前阶段最好的实现多尺度裂隙定量表征的方法是在对应的尺度范围内选择适当的表征方法，而后进行联合分析。

1. 直接观察法

直接观察法，即通过肉眼直接观测煤样裂隙发育情况，或者将煤岩样品制成煤砖、薄片或光片等，借助其他手段(光学显微镜、体视显微镜、扫描电子显微镜、偏光电子显微镜等)对裂隙进行形态观察和定量统计的方法(Karacan and Okandan，2000；张素新和肖红艳，2000；姚艳斌等，2006)。直接观察法具有直观、经济、方便的优点而被广泛用于煤岩裂隙的研究工作中。

对于野外的宏观裂隙，通常可以用肉眼直接观测或者手标本室内测量的方法。野外的宏观观测可以对裂隙现象进行整体的记录，且测量较为方便、简单，但对尺度较小的微裂隙，则很容易被忽视。光学显微镜和电子显微镜的应用较好地解决了微裂隙观测问题。

微裂隙通常是指开度在微米和纳米级，借助于显微镜才能识别的裂隙(Shepherd et al.，1981；Gamson et al.，1993；Li T et al.，2015)。目前，常用光学显微镜、偏光显微镜(Weniger et al.，2016)、扫描电子显微镜(SEM)和体视显微镜等对微裂隙各项参数进行测量。姚艳斌等(2006，2010)利用荧光显微镜分别对两淮煤田和沁水盆地煤中发育的微裂隙进行了面密度统计和分类，并对微裂隙的成因和成煤环境进行了探讨，认为微裂隙对煤储层的渗透性和气藏的勘探开发具有重要意义。Chen Y 等(2015)借助于光学显微镜和荧光显微镜对鄂尔多斯盆地东缘不同煤级煤样中发育的微裂隙形态、密度和连通性进行了观察，发现煤层主要发育 C 型和 D 型微裂隙，且煤级对这两种微裂隙的发育具有重要影响。王振至(2018)结合纵波波速测试、体视显微镜、偏光显微镜、各向异性渗透率测试等对阜康矿区煤样裂隙的渗透性进行研究，发现体视显微镜有足够的分辨率可以用来识别微米尺度的裂隙，且经济成本相对较低，可用于微裂隙的研究工作。Gamson 等(1993)运用扫描电子显微镜对 Bowen 盆地北部的二叠纪煤样进行了微观结构研究，发现微裂隙通常发育在光亮煤中，且具有很好的连通性，对煤层的渗透率具有重要贡献，并据此提出了煤层气从微孔中解吸到最终被抽采出来的四个过程：①煤层气解吸后，在微孔或基质中扩散至微裂隙；②煤层气在未被矿物充填的开放微裂隙中通过层流运动到达割理中；③煤层气在部分被矿物充填的微裂隙和割理中进行扩散或流动；④煤层气在割理和宏观大裂隙中进行渗流至井筒并最终被抽采出来。Karacan 和 Okandan(2000)结合利用扫描电子显微镜和 X 射线微米 CT 扫描技术

对 Zonguldak 盆地两个不同煤层的三个煤样的裂隙结构进行了观察,发现裂隙越发育的煤样越有利于煤层气的抽采。张素新和肖红艳(2000)在用扫描电子显微镜对大量煤样中发育的显微裂隙进行了观测后,认为微裂隙系统发育程度决定了煤储层中气体是否具有可采性。张慧等(2002)对中国不同矿区的不同煤级的煤中的显微裂隙进行了电子显微镜下的形态观察,并提出了微裂隙的两种成因:失水成因和缩聚成因。傅雪海等(2001)用扫描电子显微镜观测了沁水盆地高煤级煤中发育的微裂隙,认为高煤级煤中微裂隙不发育和应力渗透率敏感性强是造成煤储层渗透率低的关键原因,也是制约高煤级煤煤层气开采的瓶颈问题。

尽管各种光学和电子显微镜被大量地用于煤中微裂隙的研究,但这些方法都存在一定的局限性。首先是仅能观察到微裂隙局部的二维信息,测得的裂隙数据较少,无法对裂隙的空间分布规律取得充分的认识(Liu et al.,2011),也很难说明样品裂隙总体发育特征;其次是在样品制备过程中容易产生一些人为裂隙,从而破坏煤的原生结构系统。因此,要全面了解微裂隙结构的空间分布特征,需要借助先进的无损 X 射线 CT 三维成像技术(白斌等,2013)。

2. X 射线计算机断层扫描技术

X 射线计算机断层扫描(CT)技术具有动态、快速、定量和无损等优点(Yao et al.,2009a;Bera et al.,2011;Ramandi et al.,2016),该技术可以实现对样品的无损扫描,可定量获取煤岩内部孔隙、裂隙结构的非均质程度、二维形态和三维数据体,为煤中微裂隙结构的研究提供了很好的实验平台。根据测试尺度的不同,CT 技术可以分为微米 CT 和纳米 CT 两种类型。

在运用 X 射线微米 CT 技术对煤中微裂隙结构特征的研究方面,前人也做了一些工作,主要集中在煤岩静态微裂隙形态观测(Karacan and Okandan,2000;Yao et al.,2010;Bera et al.,2011;陈同刚,2012;白斌等,2013)、煤体破坏过程中微裂隙动态发育特征研究(代高飞等,2004;毛灵涛等,2010;于艳梅等,2010;Nie et al.,2014;Zhang et al.,2016a)、煤基质吸水或注入 CO_2 膨胀过程中微裂隙结构演化特征(Zhang et al.,2016b)以及煤岩热干燥处理过程中微裂隙发育特征分析(Mathews et al.,2011)等。此外,Van Geet 和 Swennen(2001)借助 X 射线微米 CT 技术来获取煤中微裂隙的宽度值,并证明了煤中裂隙定量化研究的可行性。随后,Mazumder 等(2006)提出了基于 CT 扫描图像来计算煤中微裂隙密度、方向和宽度的新方法。赵海燕和宫伟力(2009)、宫伟力等(2010)基于煤岩二维 CT 图像,应用 Canny 算子图像分割,基于索贝尔梯度算子的分水岭变换方法和方向性边缘检测技术提取了水平方向和垂直方向上的裂隙特征,并计算了裂隙的各向异性分形维数。Karacan 和 Okandan(2000)运用 CT 技术对煤中静态裂隙特征进行了定性描述。Zhao 等(2016)将 CT 技术与电子显微镜相结合,得出亮煤具有较高的微裂隙密度(339 条/9cm²)、更好的连通性和较大的分形维数(平均为1.7);而暗煤中的平均裂隙密度则较小(272 条/9cm²),其分维数也较低(1.6)。

X 射线微米 CT 成像技术已经成功地运用到了煤岩微裂隙结构特征的研究中,但目前主要是借助 CT 扫描图像构建微裂隙的三维空间格架,缺少针对三维裂隙系统的精细定量评价。研究的煤岩多为单一煤级的煤样，对于不同煤级煤中的微裂隙发育特征方面的研究还较为薄弱。另外，目前纳米 CT 技术多应用在页岩和砂岩的孔隙结构定量表征之中(韩文学等，2015；Guo et al.，2015；孙亮等，2016；Wang Y et al.，2016；Wang P F et al.，2016；Tang et al.，2016)，而针对煤中微裂隙(尤其是纳米级)结构演化特征仍有待于进一步深入研究(Liu et al.，2017)。

3. 声波速度测试

岩石介质的声波速度中含有大量与岩体属性有关的信息，利用弹性波分析岩石的弹性参数对岩体本身无损害且容易实施，因此正越来越多地应用于地质工程研究工作之中(Nelson，2000；Ghorbani et al.，2009；Kassab and Weller，2011；Cardarelli et al.，2014)。影响弹性波传播速度的因素很多，大致可以分为外部因素和内部因素两种(Turk and Dearman，1987)。外部影响因素主要包括孔隙度、含水量、温度、应力、埋深及测试使用的声波频率、衰减系数等(Turk and Dearman，1987；Kahraman，2002)；内部影响因素主要包括晶粒的尺寸和形状、密度、岩石类型、岩体结构等。除此之外，岩体中节理的发育情况，包括节理密度和节理发育的倾角(Boadu，1997；Giovanni and Lara，2006；Yoshitaka et al.，2011)对声波速度同样有着不可忽视的影响。

目前，对岩体声波速度的研究大多集中于声波速度与密度(Khandelwal and Singh，2009；Daniele et al.，2012；Wolfgang et al.，2013；Yang et al.，2014)、岩石类型(Gaviglio，1989)、孔隙度(Gardner et al.，1974；Mohamed and Andreas，2011；Pierre et al.，2012)、渗透性(Popp and Kern，1998)、温度(Hampton，1964；Krzesinska，2000；Punturo et al.，2005)、压力(王平等，1996；刘斌等，2001；马麦宁等，2002；Punturo et al.，2005；张慎河等，2006；孟召平等，2008)、含水量(孟召平等，2008；Ghorbani et al.，2009)及岩体力学参数(王平等，1996；Yasar and Erdogan，2004；孟召平等，2006；Goueygou et al.，2009；Pan et al.，2013)的关系方面。朱广生等(1995)利用大庆地区的砂岩和泥岩测井资料建立了该地区的密度与声波速度的关系，发现该区的密度-纵波速度经验公式为

$$\rho = 0.41V_p^{0.216}, \quad R^2 = 0.59 \tag{2-14}$$

式中，ρ 为密度；V_p 为实测纵波速度。

该公式与 Gardner 等(1974)提出的密度与纵波速度的经验公式相比，更符合大庆的实测数据。马中高和解吉高(2005)对砂岩、泥岩、生物灰岩与火成岩的实测密度与声波速度按照 Gardner 函数形式进行统计拟合，得出了各类岩石的相关系数大于 Gardner 的一般公式的拟合公式。孟召平等(2006)建立了煤系沉积岩石密度与声波速度的定量关系，发现煤系岩石密度与声波速度之间存在正相关关系。

煤作为一种组成成分复杂、各向异性强的岩石，纵波速度在不同的方向上展现出明显差异性(Zhang Z B et al.，2016)，而这些差异性与煤中裂隙延伸方向密切相关。Bóna 等(2012)研究发现，纵波速度与岩石结构各向异性特征之间存在着一个很好的耦合关系，当纵波传播方向平行于裂隙的延伸方向时，其对波速产生的影响极小；反之，当

纵波传播方向垂直于裂隙延伸方向时，会对波速产生极大的影响(Holt，1997)。另外，裂隙的延伸方向、裂隙中填充的矿物类型也同样影响着纵波的传播(Zhang et al.，2009)。

纵波波速实验具有低成本、操作方便的优点，更容易被现场工作单位所接受。然而，影响声波速度大小的因素很多，在对煤中裂隙发育特征进行定量表征时需考虑多因素进行综合分析。

2.2　宏观裂隙发育特征

宏观裂隙通常是指毫米级以上尺度的裂隙，其较大的尺度决定了其更易识别，因此，关于煤中裂隙的研究始于宏观尺度。鉴于不同煤级煤样裂隙发育特征存在较大差异，这是不同煤级煤层渗透性存在差异的原因之一，因此，查明不同煤级煤样宏观裂隙发育特征，对评价不同煤级煤储层煤层气开发能力具有重要的指导意义。基于此，笔者以山西、河南、河北等区域典型矿区的不同煤级煤为例进行研究，以期为今后煤层气开发选区提供指导。

2.2.1　分析测试方法

宏观裂隙常用的观测与定量方法主要包括煤壁或手标本宏观裂隙图像矢量化提取、观测端面裂隙连通性计算、煤中宏观裂隙密度统计与计算等。

在研究煤样宏观裂隙密度发育规律时，首先，对选取的煤样表面进行清理，使垂直层面方向观测面上无煤粉、黏土附着。其次，按照光泽强度和发育特征将垂直层面方向上的各条带划分为镜煤、亮煤、暗煤和丝炭，利用放大镜和刻度尺，对各条带的厚度和一定长度上的裂隙数量进行观测统计，并分析不同厚度、不同宏观煤岩类型中的裂隙发育条数。再次，对煤心中的两个端面裂隙发育形态进行拍照后矢量化提取保存，对煤心侧面裂隙发育的面密度进行测量统计。最后，结合上述照片及矢量化裂隙数据，对煤中裂隙形态结构、空间组合特征及填充状况、填充物类型进行描述、记录。

2.2.2　宏观裂隙发育特征及其影响因素

1. 宏观煤岩组分控制裂隙密度的发育

煤的宏观煤岩组分是指用肉眼可区分的煤岩分类的基本组成单位，主要包括镜煤、亮煤、暗煤、丝炭四种类型。其中镜煤颜色最深光泽最强，质地均一；亮煤光泽和均一度均次于镜煤，常有和暗煤互相过渡的现象；暗煤光泽暗淡，致密坚硬不易破碎，分层厚度不一；丝炭颜色灰黑，疏松多孔，易染指。不同煤岩组分之间性质的差异造成其裂隙发育情况不一。研究不同煤岩组分中裂隙的发育特征，从而预测储层渗透性，对煤层气优势区块划分意义重大。

需要注意的是，在对煤样进行宏观煤岩成分判别时，选取的对象应是某一特定的块状煤样，在该煤样的垂直层面的剖面上进行煤岩组分的判别，不同地区的煤样之间，在划分煤岩成分时，不具有可比性。因此，应对同一块状煤样上条带厚度相同、不同宏观煤岩组分中的裂隙进行研究，才能尽量排除其他因素干扰，得到较为科学的宏观煤岩组分对裂隙发育的影响规律。基于上述原则，对不同煤级煤的不同宏观煤岩组分中的裂隙发育特征进行研究。具体裂隙统计与计算数据如表 2-2 所示。

表 2-2　不同宏观煤岩组分中裂隙发育统计表

煤样编号	变质程度	宏观煤岩成分	条带厚度/mm	裂隙密度/(条/10cm)	平均裂隙密度/(条/10cm)
BDK	长焰煤	镜煤	15	24.3	24.3
		亮煤	15	10.0	10.0
		暗煤	15	5.7	5.7
PMSK	肥煤	镜煤 1	10	17.0	15.3
		镜煤 2	10	16.0	
		镜煤 3	10	12.9	
		亮煤 1	10	9.0	12.9
		亮煤 2	10	16.7	
		暗煤	10	5.0	5.0
WNK	无烟煤	镜煤 1	20	11.0	11.5
		镜煤 2	20	12.0	
		亮煤 1	20	10.0	10.5
		亮煤 2	20	11.0	
		暗煤	20	10.0	10.0

为了更直观地分析不同变质程度煤中裂隙密度与宏观煤岩组分的关系，绘制如图 2-1 所示的关系图。根据图 2-1，在条带厚度相同时，长焰煤 BDK 中镜煤、亮煤、暗煤中平均裂隙密度差异最为明显，比例约为 4:2:1，具有较好的线性关系。肥煤 PMSK 中不同宏观煤岩组分中平均裂隙密度差异也较为明显，镜煤条带中裂隙密度略大于亮煤条带裂隙密度，亮煤条带中裂隙密度则明显大于暗煤条带中裂隙密度，镜煤、亮煤和暗煤中裂隙密度比例约为 3.1:2.6:1。无烟煤 WNK 中不同宏观煤岩组分中裂隙密度的差异相对较小，镜煤、亮煤、暗煤中裂隙密度比例为 1.15:1.05:1。通过对煤的宏观裂隙观测发现，在条带厚度相同的条件下，低、中、高三种变质程度煤在垂直于层面的方向上，不同的宏观煤岩组分中裂隙密度的变化规律总体上呈现一致的现象：镜煤>亮煤>暗煤，即条带厚度相同时，镜煤条带中裂隙最发育，次为亮煤条带，暗煤条带中裂隙最不发育。此外，低变质程度煤样中镜煤、亮煤、暗煤条带中裂隙密度差异性最大，随煤的变质程度增高，镜煤、亮煤和暗煤条带中裂隙密度的差异性具有减小的趋势。

宏观煤岩组分受煤中显微组分的影响，因此宏观煤岩组分对裂隙发育的影响在很大程度上可以归结于煤的显微组分对裂隙发育的影响。根据煤中有机成分的颜色、反射率、凸起、形态和结构特征，煤的显微组分可分为镜质组、惰质组和壳质组三大类。不同的宏观煤岩组分中各显微组分的含量不同。镜煤条带中矿物含量最少且显微组分

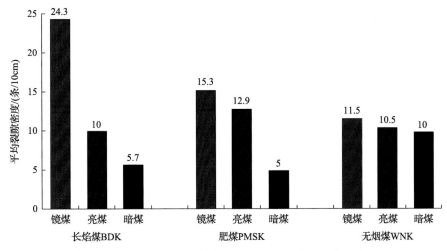

图 2-1　不同变质程度煤中裂隙密度与宏观煤岩组分的关系

组成均匀单一，绝大部分为镜质组。亮煤条带的显微组分较镜煤条带复杂，但镜质组含量仍占大部分，并发育少量的壳质组。暗煤和丝炭中惰质组含量较多，镜质组含量较少。影响不同显微组分和宏观煤岩组分中裂隙发育的因素主要为不同显微组分的生烃潜力、生成气体的保存状况和煤的力学性质。鉴于煤化作用中产生的流体在煤中不断集聚并最终释放是内生裂隙的主要内驱力，在显微组分以均质镜质体为主的、植物细胞残留较少的镜煤条带中，均一的显微组分使产气量能够在某个时间内瞬时达到最大值，极少的无机矿物不利于气体的排出并使得煤体强度维持在较低水平(王生维等，1996)，因此其生成气体所形成的流体压力很容易超过煤体的极限强度而突破煤体沿垂直层理方向形成裂隙。而在显微组分组成较为复杂的亮煤条带中，一方面由于不同的组分在不同阶段生气量不同，很难形成重叠的产气高峰，不利于瞬时流体高压的产生；另一方面较多无机矿物的存在为气体的排泄提供了有利条件并增大了煤体强度，因此亮煤条带中裂隙发育条数较镜煤条带中少。对于丝炭，一方面其产气效率较低且产生气体不易于保存，难以产生高压流体单元；另一方面其较大的机械强度也使得流体单元难以突破而形成裂隙(王生维等，1996)，因此丝炭中基本没有内生裂隙发育。

2. 宏观煤岩组分的厚度控制裂隙发育密度

在对煤中裂隙研究过程中，人们发现裂隙密度与宏观煤岩组分厚度之间存在一定关联。大部分学者认为裂隙密度和宏观煤岩组分厚度呈负相关关系，即随宏观煤岩组分厚度增加，其裂隙密度减小(王生维等，1996；Harpalani and Chen，1997；Laubach et al.，1998；Dawson and Esterle，2010)，但 Daniels 和 Altaner(1990)则认为割理密度和宏观煤岩组分厚度之间没有必然的联系。以往的研究大多集中于镜煤条带中裂隙密度与镜煤条带厚度的关系，亮煤等其他宏观煤岩组分中裂隙密度与其厚度关系的研究较少，因此不能较为全面地阐述裂隙密度与宏观煤岩组分厚度的关系。另外，由于裂隙发育受到煤变质程度、煤岩组分及厚度等多重因素的影响，因此在研究煤中裂隙与宏观煤岩组分厚度之间的关系时，应当尽可能排除其他因素的干扰，才能得出更符合实际情况的结果。

　　基于上述前提，本章以大柳塔矿(DLTK)、耿村矿(GCK)、平煤四矿(PMSK)和万年矿(WNK)的煤样为例，对不同厚度镜煤、亮煤条带中的裂隙密度进行详细观测、描述与统计，统计结果如表2-3所示，并对裂隙密度与煤中光亮组分(镜煤和亮煤)厚度之间的关系进行了回归分析，分析结果如图2-2～图2-4所示。

表2-3　不同煤岩成分厚度中裂隙发育统计表

编号	煤种	宏观煤岩成分	条带厚度/mm	裂隙密度/(条/10cm)	编号	煤种	宏观煤岩成分	条带厚度/mm	裂隙密度/(条/10cm)
DLTK	长焰煤	镜煤1	2	24.4	PMSK	肥煤	亮煤1	8	11.1
		镜煤2	3	34.0			亮煤2	10	9.0
		镜煤3	6	23.0			亮煤3	10	16.7
		镜煤4	8	12.7			亮煤4	15	3.3
GCK	气煤	镜煤1	3	28.0			亮煤5	20	2.0
		镜煤2	5	15.3			亮煤6	20	5.0
		镜煤3	5	17.0			亮煤7	20	12.0
		镜煤4	7	21.0			亮煤8	30	4.0
		镜煤5	10	16.0			亮煤9	30	4.0
		镜煤6	20	9.6			亮煤10	30	6.0
		镜煤7	20	13.5			亮煤11	40	5.0
		镜煤8	40	11.5			亮煤12	50	2.7
PMSK	肥煤	镜煤1	1	66.7			亮煤13	50	6.0
		镜煤2	2	45.0	WNK	无烟煤	镜煤1	10	14.0
		镜煤3	2	60.0			镜煤2	15	13.0
		镜煤4	3	34.0			镜煤3	20	11.0
		镜煤5	5	16.7			镜煤4	20	12.0
		镜煤6	5	30.0			镜煤5	30	7.0
		镜煤7	5	37.5			镜煤6	30	9.0
		镜煤8	10	12.9			镜煤7	40	4.4
		镜煤9	10	16.0			镜煤8	40	6.6
		镜煤10	10	17.0			镜煤9	55	4.0
		镜煤11	20	10.8			镜煤10	65	5.8
		镜煤12	25	13.1			亮煤1	10	12.0
		镜煤13	30	8.0			亮煤2	10	13.0
		镜煤14	30	8.5			亮煤3	10	14.0
		镜煤15	30	11.0			亮煤4	20	10.0
		镜煤16	30	11.5			亮煤5	20	11.0
		镜煤17	30	12.3			亮煤6	30	7.0
		镜煤18	30	12.7			亮煤7	40	4.0

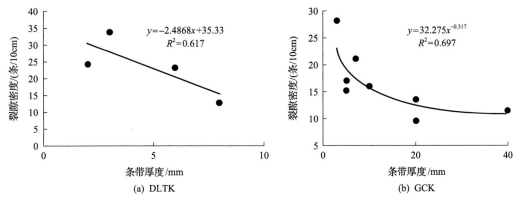

(a) DLTK

(b) GCK

图 2-2 长焰煤(DLTK)和气煤(GCK)中裂隙密度与镜煤条带厚度的关系

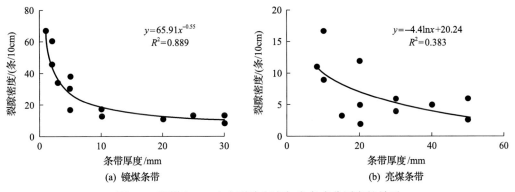

(a) 镜煤条带

(b) 亮煤条带

图 2-3 肥煤(PMSK)中裂隙密度与光亮成分厚度的关系

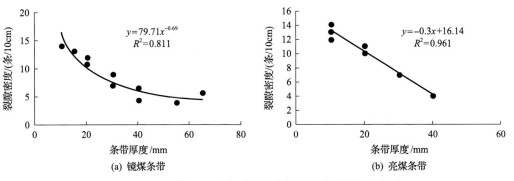

(a) 镜煤条带

(b) 亮煤条带

图 2-4 无烟煤(WNK)中裂隙密度与光亮成分厚度的关系

低变质程度煤中裂隙密度随镜煤条带厚度变化的规律有所差异(图 2-2)。在 DLTK 煤样中，裂隙密度在条带厚度为 3mm 时达到最大值，为 34 条/10cm，在条带厚度为 8mm 时裂隙密度达到最小值，为 12.7 条/10cm，整体呈现出裂隙密度随镜煤条带厚度增大而线性减小的趋势，关系表达式为

$$y = -2.4868x + 35.33, \qquad R^2 = 0.617 \tag{2-15}$$

式中，y 为裂隙密度，条/10cm；x 为宏观煤岩组分厚度，mm。

在 GCK 煤样中，当镜煤条带厚度＜20mm 时，裂隙密度随条带厚度的增大显著减小；当条带厚度为 20～40mm 时，裂隙密度随条带厚度增大变化不明显，整体趋势为裂隙密度随镜煤条带厚度的增大呈非线性减小趋势。其关系式为

$$y = 32.275x^{-0.317}, \quad R^2 = 0.697 \tag{2-16}$$

对于中变质程度煤样，当光亮组分条带厚度＜20mm 时，裂隙密度随镜煤条带厚度变化规律和裂隙密度随亮煤条带厚度变化规律基本一致，均为随厚度增大裂隙密度呈现不同程度减小趋势(图 2-3)；而当条带厚度＞20mm 时，镜煤条带中裂隙密度几乎不随厚度变化而变化，约为 15 条/10cm。其关系式为

$$y = 65.91x^{-0.55}, \quad R^2 = 0.889 \tag{2-17}$$

同样地，对于中变质程度，当条带厚度＜20mm 时，煤样亮煤条带中裂隙密度随条带厚度的增大而减小；当条带厚度＞20mm 时，裂隙密度随条带厚度增大继续减小。其关系式为

$$y = -4.4\ln x + 20.24, \quad R^2 = 0.383 \tag{2-18}$$

高变质程度煤样中裂隙密度随镜煤条带和亮煤条带厚度的变化规律表现出明显的差异(图 2-4)。镜煤条带中随条带厚度的增加，裂隙条数整体呈现先减小后基本不变的趋势。当条带厚度为 10～55mm 时，裂隙密度随条带厚度增大而减小，从最大值 13 条/10cm 减小到最小值 4 条/10cm；当条带厚度为 55～65mm 时，裂隙密度几乎没有变化。其关系式为

$$y = 79.71x^{-0.69}, \quad R^2 = 0.811 \tag{2-19}$$

与镜煤条带中裂隙密度发育规律不同，高变质程度煤样亮煤条带中裂隙密度与条带厚度具有较好的线性关系，主要表现为裂隙密度随条带厚度的增大而线性减小。其关系式为

$$y = -0.3x + 16.14, \quad R^2 = 0.961 \tag{2-20}$$

根据以上统计结果可以发现：①煤中裂隙密度随条带厚度变化的整体规律并不一致，至少存在线性减小、非线性减小、先减小后基本保持不变三种情况；②尽管宏观煤岩组分和煤体结构复杂多样，导致裂隙密度随条带厚度变化的整体规律不唯一，但两者之间关系的主要趋势为煤中裂隙密度随条带厚度的增大而减小；③同一变质程度煤样、相同宏观煤岩组分的条带中，裂隙在不同厚度条带中的发育规律有所不同；④对于同一变质程度煤样，裂隙密度在镜煤、亮煤中随条带厚度的变化规律存在差异。

考虑到发育裂隙的不同厚度载体的组成成分和孔隙结构的非均质性，各载体的生烃能力和生成流体的保存情况也存在差异，造成气体最终能够聚集的体积和产生的流体压力存在差异，进而导致裂隙密度出现多种变化趋势。一方面，载体的厚度越大，煤体的强度越大，煤体破坏所需的流体压力就越大，即需要较大范围内的流体汇聚在一起提供足够的流体压力供应；另一方面厚度较大的载体所受到的地应力更强，因此，在自身流体压力和地应力的双重作用下，聚集的流体冲破煤体形成间距较大的裂隙更加困难。而厚度较小的载体破裂所需的流体压力较小，产生裂隙所需的流体压力和流体体积也相应较小，较小范围内的煤基质产生的流体就能够提供足以冲破载体的流体压力，有利于在较短距离内生成相对密集的裂隙(王生维等，1996)。

3. 煤级控制裂隙密度的发育

在煤中裂隙发育特征的控制因素中，煤级一直占有重要的位置。国内外学者针对煤级对裂隙密度发育特征的影响进行了广泛的研究。Ting(1977)通过对煤中裂隙进行宏观观测，发现从褐煤到低挥发分烟煤阶段，裂隙密度随煤级的升高而增大；从低挥发分烟煤到无烟煤阶段，裂隙密度随煤级的升高而减小，整个变化过程呈先增大后减小的正态分布特征。Palmer 等(1996)对煤层天然露头和煤心进行宏观观测，发现在褐煤到中挥发分烟煤阶段，煤中裂隙间距随变质程度的增大而减小；在 $R_{o,max}$ 约为 1.5%时裂隙间距达到最大值，随后保持不变。但需要注意的是，从低挥发分烟煤到更高煤级阶段数据点仅有两个，因此，Palmer 等(1996)对 $R_{o,max}$ >1.5%时裂隙密度随煤级的变化规律的认识有待商榷。王生维等(1996)通过对煤储层中内生裂隙和微裂隙的研究，从宏观和微观两个层面上对裂隙和煤级的关系进行了对比，发现两者密度随煤级的增大均呈先增大后减小的趋势，并在 $R_{o,max}≈1.5%$时达到最大值。同样地，由于王生维等(1996)统计的裂隙个数只有五个，因此整个过程的详细规律有待于进一步研究。张胜利和李宝芳(1996)、樊明珠和王树华(1997)得出了与 Ting(1977)近似的结论，即裂隙密度随煤级的增高呈先增大后减小的变化趋势，不同之处在于，前者认为裂隙密度在 $R_{o,max}$= 1.3%时达到最大值，而后者指出割理密度在瘦煤阶段达到最大值。霍永忠和张爱云(1998)在对煤储层显微裂隙面密度进行研究时发现，当 $R_{o,max}$ >1.5%时，裂隙密度随变质程度的增大急剧下降；当 $R_{o,max}≈3.0%$时，裂隙密度趋近于零。毕建军等(2001)综合煤中裂隙的宏观、微观观测结果，发现除与 Ting(1977) 和 Palmer 等(1996)所取得的一致结论之外的第三种变化规律：当 $R_{o,max}$ <1.3%时，裂隙密度随煤级的增高而增大，并在 $R_{o,max}$=1.3%时达到最大值；当 1.3%< $R_{o,max}$ ≤4%时，裂隙密度缓慢降低；当 $R_{o,max}$ >4%时，裂隙密度保持不变。

为了更全面地分析宏观裂隙密度与煤级之间的关系，本章以石屹台矿 SGT、耿村矿 GCK、平煤四矿 PMSK、薛村矿 XCK、晋城矿区 JC 煤样和万年矿 WNK 煤样等不同煤级煤样为例(图 2-5)，从宏观的角度对裂隙发育密度和煤级之间的关系进行定量研究。所取得的煤中裂隙密度的观测统计数据如表 2-4 所示。

(a) WNK　　　　　　　　　　　　　(b) XCK

(c) GCK

图 2-5　煤中宏观裂隙观测煤样部分照片

表 2-4　煤中裂隙密度观测数据统计表

煤样编号	$R_{o,max}$/%	宏观裂隙密度/(条/10cm)	煤样编号	$R_{o,max}$/%	宏观裂隙密度/(条/10cm)
SGT	0.38	16.8	XCK	1.81	18.8
GCK	0.73	16.3	JC	2.52	14.0
PMSK	1.64	15.7	WNK	3.59	10.2

　　从图 2-6 可以看出，煤中宏观裂隙密度随煤级的增大呈现先增大、后减小的变化趋

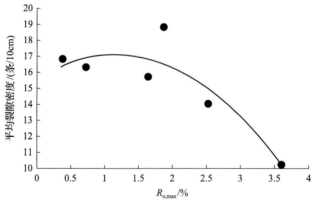

图 2-6　煤中裂隙密度与煤级的关系图

势，具体表现为当 $R_{o,max}$ ≤1.5%时，煤中裂隙密度随煤级增大而缓慢增大；当 $R_{o,max}$ >1.5%后，煤中裂隙密度随煤级增大而明显减小，且增大部分和减小部分呈不对称分布。

煤中裂隙的形成是煤化作用过程中，煤体在一定的温度、压力下植物遗体发生凝胶化作用并脱水、脱挥发分产生的内张力、煤变质过程中生成但未及时排出的流体在应力作用下被封闭在煤基质孔隙中而产生的流体高压、构造应力以及煤体本身强度共同作用的结果。其中，煤变质过程中产生的大量流体未及时排出煤体，在一定温度、压力下其产生的高压流体压力是煤中裂隙发育的主要内动力(王生维等，1996)。煤化作用过程中煤中有机分子侧链和官能团随温度和压力的增加不断发生断裂和脱落，由此产生大量挥发性产物。但煤化作用的演化不是直线的，而是有几次跃变过程。在 $R_{o,max}$ ≈1.5%时煤岩发生第二次跃变，此时煤中甲烷大量逸出，生烃量达到最大值，由此产生的大量流体未能及时排出而造成的流体高压是导致裂隙生成的最主要的内因。因此，当 $R_{o,max}$ <1.5%时，煤中裂隙随生气量的增大而逐渐增大；当 $R_{o,max}$ =1.5%时，气体生成量达到最大值，大量气体的产出一方面使煤体因脱挥发分作用而产生的内张力增大，另一方面气体大量生成却未能及时有效逸出，聚集在煤体孔隙内而产生流体高压，内张力的增大和流体高压的产生，为裂隙的发育提供了极为有利的条件，因此在这一阶段煤体内裂隙密度达到最大值；当 $R_{o,max}$ >1.5%时，随着生烃量的减小，煤体因脱挥发分作用而产生的内张力减小，另一方面，前期($R_{o,max}$ = 1.5%时)产生的众多裂隙使得生成的气体能够沿着裂隙有效地逸出，难以在煤体内大量聚集而形成较强的流体压力，因此，当 $R_{o,max}$ >1.5%时，新生成的裂隙较少(张胜利和李宝芳，1996)。另外，在不断增加的地应力作用下，已生成的裂隙会逐渐闭合，甚至消失，因此当 $R_{o,max}$ >1.5%时，煤中裂隙密度随变质程度增大而减小(Spearsa and Caswell，1986)。

2.3　微米尺度裂隙发育特征

尽管学者们很早就开始意识到煤中微米尺度裂隙的重要性，但是长期以来对煤中割理形态和成因的研究一直占据着煤中裂隙结构研究的主流，而微米尺度裂隙则一直处于被忽略的地位(Anders et al.，2014)。自 Simmons 和 Richter(1976)提出微裂隙的概念以来，微米尺度裂隙逐渐引起了学者们的关注和兴趣。为了研究微米尺度裂隙，前人进行了许多实验和理论上的探索，然而，这些成果大部分都集中在富含石英矿物的岩石上，如石英岩、花岗岩和富含石英矿物的变质岩等(Gallegher et al.，1974；Kranz，1983；Horii and Nemat-Nasser，1985；Wang and Sun，1990；Moore and Lockner，1995；Dezayes et al.，2000；Wilson et al.，2003；Katz and Reches，2004；Nadan and Engelder，2009；Mizoguchi and Ueta，2013)，对煤中微米尺度裂隙的研究相对较少(Anders et al.，2014)，尤其是对煤中微裂隙进行精细定量的研究。

目前，对于微米尺度裂隙的研究通常借助于光学显微镜、电子显微镜和微米 CT 等方法进行。考虑到实验成本和实验数据准确性问题，笔者主要采用体视显微镜、偏光显微镜和微米 CT 技术，以新疆阜康矿区(西沟一矿、西沟二矿和气煤一井)、新疆准东矿区 XGM、大柳塔 DLT、保德 BD、许疃煤 XTM08-1、万源 WY01、大黄山 DSC、新庄煤 XZM04、新庄煤 XZM03、万年矿 WNK、河南鹤壁矿区 HBM 和山西晋城矿区(JC、SHM 和 ZZM)等典型矿区的煤样为例开展微米尺度裂隙的研究工作。

2.3.1 体视显微镜下的微米尺度裂隙特征

1. 新疆阜康矿区地质概况

据调查,新疆阜康矿区埋深 1500m 以浅煤层气总资源量大于 $3 \times 10^{11} m^3$,煤层气资源条件在全国属中上水平,属于新疆煤层气勘探开发的有利地区,且其储层条件具有含气量大、含气饱和度高和透气性好的特点(尹淮新,2009)。因此,以新疆阜康矿区的低阶煤为例开展微米级裂隙研究工作,希望对该区域煤层气勘探开发能够提供理论依据和实践借鉴意义。

阜康矿区处于博格达山北缘山前构造带,博格达北缘主体为逆冲推覆体,以南倾北冲的阜康断裂为北界。阜康断裂上盘为博格达山逆冲推覆体,下盘为准格尔俯冲壳。逆冲推覆体内部普遍发生强烈挤压褶皱变形,多以发育紧闭的陡倾构造和倒转褶曲以及逆冲断块为特征。按其断裂上下盘地层组成和变形特征,可将逆冲推覆体分为前锋褶皱带和主推覆体两部分(高建平,2008)。阜康矿区以中生界组成的断裂褶皱为主体,处在博格达山逆冲推覆体前锋褶皱带中,位于阜康断裂和妖魔山断裂之间。逆冲断层系统主要由三工河断层、妖魔山断层和阜康断层共同控制。妖魔山断层以南为逆冲推覆系统的上盘推覆体,三工河断裂以南则表现为石炭系的博格达山体向北的逆冲推覆,阜康断裂则是逆冲推覆系统的边界断裂(王建涛,2016)。因此,博格达山北缘盆山结构关系是以南倾北冲的逆冲断层构造为特征,逆冲断层上盘地层从南到北逐渐变新,推覆构造强度逐渐变弱(高建平,2008;王建涛,2016)。

三叠纪中期的印支运动,在阜康断裂带表现得相对较弱,主要是一些海西末期形成的断裂在张应力作用下开始活化(庄锡进,2003;王建涛,2016)。三叠纪末期的印支运动,阜康断裂带轻微抬升,小泉沟群上部地层遭受剥失。早中侏罗世,阜康断裂带在继承三叠系沉积的基础上,广泛接受了一套温润潮湿环境下的河沼含煤建造——水西沟群。水西沟群沉积之后的燕山Ⅰ幕构造运动在阜康断裂带表现强烈,挤压应力在断裂带中东段形成了一个北西-南东走向的隆起带,其上的西山窑组、三工河组和八道湾组依次遭受剥蚀。中晚侏罗世,阜康断裂带由以前的潮湿环境变为干燥环境,广泛沉积了一套河流相的红色、杂色砂泥岩建造——头屯河组、齐古组,在断裂带西段向西南下倾的部位,齐古组之上还超覆沉积了冲洪积相的黄绿色、褐色砂砾岩建造——喀拉扎组(可能仅分布在近物源的凹陷及周缘)。侏罗纪沉积之后的燕山构造运动使阜康断裂带发生整体抬升,中上侏罗统受到较严重的剥蚀;断裂带西段生成了由西南向北东方向的挤压应力,该应力的作用使阜康断裂下盘侏罗系煤层产生了层间滑动,形成了双重构造;断裂带中段的那些在印支和燕山早中期具有拉张性质的正断层(甘河子北断裂、五梁山断裂)开始向逆断层转化;断裂带东段的断裂活动加剧,阜康断裂带此时初步成型。白垩纪早中期,阜康断裂带下沉,接受了少量湖沼相的以泥岩为主的碎屑岩沉积后,博格达山前前陆拗陷在燕山Ⅲ幕构造运动作用下,持续褶皱回返,回返中产生的由南向北的挤压应力在阜康断裂带表现得最为强烈,使中东段生成了一个近东向西的高隆起带，因此缺失白垩系。同时，控制阜康断裂带南北两侧的边界断裂活动剧烈，表现出强烈的挤压推覆特征，上盘地层受到了更严重的剥蚀。随着喜马拉雅期沉积拗陷的不断西移，阜康断裂带作为西侧阜康凹陷的东斜坡，沉积了数千米的新生界。喜马拉雅期的构造运动在阜康断裂带及周缘表现得强弱不一，断裂带南侧，博格达山前拗陷褶皱回返，隆起成山，结束拗陷历史，阜康断裂上盘层深埋地下的古生界、中生界急剧抬升，出露地表；阜康断裂以北构造运动较弱，甘河子北断裂、五梁山断裂和孚远断裂等进一步活动，上盘地层进一步抬升，阜康断裂带此时定性（王建涛，2016）。

研究区域内构造较为复杂，主要有阜康逆掩断层（F1）、妖魔山逆断层（F2）、古牧地背斜（M1）、阜康向斜（M3）、七道湾背斜（M6）、八道湾向斜（M2）、白杨河逆断层（F11）、黄山-三工河向斜（M14）等。其中 F1 和 F2 分别控制矿区北部和南部的边界，它们相间排列，走向北东东，构成该区构造的基本格架。其褶皱多呈紧闭型，两翼派生出一系列高角度仰冲逆断层及小型的平移断层（庄锡进，2003）（图 2-7）。

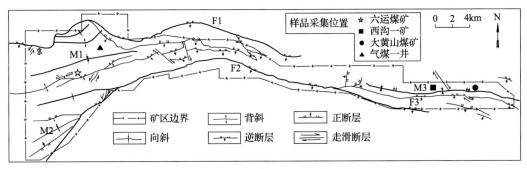

图 2-7　阜康矿区位置图以及构造分布

2. 样品准备与试验流程

以阜康矿区西沟一矿、西沟二矿和气煤一井煤样为例（图 2-8），样品基础信息如表 2-5 所示。为了获取煤样较为准确的平均镜质组反射率（$R_{o,ave}$），使用 Zeiss Axio Imager M1m photometer microscope 对抛光过的粉煤光片镜煤条带随机选取 50 个测点进行测定（室温、单色、反射光、油镜）。

煤样裂隙观测实验参照《煤岩分析样品制备方法：GB/T 16773—2008》进行。首先将大块的煤岩样品沿着层理方向切割为 10cm×10cm×10cm 规格的立方体样品（图 2-9）。为了避免切割时对样品造成损伤，在样品切割前先对其进行煮胶（松香和石蜡的混合物，体积比为 10∶1），煮胶时间一般为 0.5h，直到样品表面无气泡产生，随后对样品相邻的三个互相垂直的平面进行水力抛光，直到所有划痕消失。在水力抛光后，通过宏观煤岩组分条带信息对煤样截面方向（垂直层理方向、平行层理方向）进行标记，并放置在体视显微镜的载物台上进行观测和拍照（图 2-9）。体视显微镜的视域开阔，分辨率较高，因此可以清晰辨别开度在 10μm 以上的微米级尺度裂隙的几何形态和结构特征。

拍摄的图像通过 Image-Pro Plus 软件进行二值化处理，并对裂隙的几何参数进行计算和统计(表 2-5)。

3. 体视镜下微裂隙参数

1) 裂隙开度

煤截面上端割理与面割理彼此交织组成了复杂的裂隙网络。假设拍摄到的样品表面所有的裂隙是一个长方形，则其长度为所有裂隙的总长度，宽度为所有裂隙的平均开度。图像处理软件用来计算裂隙的面积以及栅栏化后的每一条裂隙长度，样品抛光面上裂隙的平均开度可以通过假设的长方形面积除以长度得出(表 2-6)。

图 2-8　阜康矿区煤样手标本照片

表 2-5　阜康矿区煤样基本参数信息表

样品 ID	埋深/m	$R_{o,ave}$/%	镜质组/%	惰质组/%	壳质组/%	黏土/%	碳酸盐/%	黄铁矿/%
QM1-1		0.613	89.63	7.05	1.76	0.78	—	0.78
QM1-4	476	0.567	92.92	2.59	3.07	0.94	0.24	0.24
QM1-6		0.601	92.52	2.49	2.24	2.49	—	0.26
XG1-1		0.587	78.59	0.60	1.37	5.68	12.77	0.99
XG1-3	230	0.618	87.45	9.17	2.79	0.59	—	—
XG1-5		0.615	87.30	7.62	2.34	1.95	0.79	—
XG2-2		0.563	81.71	12.33	1.99	0.20	3.17	0.60
XG2-5	264	0.569	83.37	9.67	1.55	1.94	0.39	3.08
XG2-6		0.681	69.70	20.20	1.58	6.34	1.58	0.60

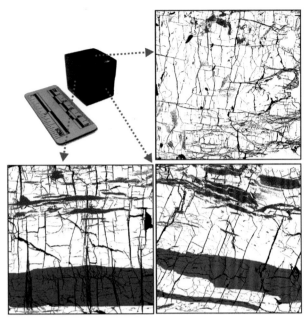

图 2-9 通过体视显微镜获取样品横截面裂隙数据过程

煤样方向通过层理方向和割理方向进行标定，Image-Pro Plus 用来对图像进行二值化处理，然后计算裂隙的面积、
开度和长度。蓝色部分伴随着裂隙发育是亮煤条带，红色部分无裂隙发育是暗煤条带

裂隙的几何特征数值表明，平行层理方向的裂隙开度大于垂直层理方向，且比值范围为 1.07～1.68，平均为 1.31。众所周知，煤中裂隙开度较大意味着渗透率也会相对较大，但是需要注意的是，在煤层气开发过程中，具有较大开度的裂隙产水量也会达到顶峰，因此，在裂隙渗透率较大和产水量较小之间裂隙开度存在一个最优值。Scott（2002）通过对圣胡安盆地的研究发现，煤中裂隙开度在 4～50μm 时最有利于煤层气的开采。本节统计发现，来自西沟一矿和西沟二矿的样品，裂隙开度为 10～50μm 的比例可达 49.39%～86.62%。

2）裂隙度、面密度和间距

裂隙度，即裂隙网络体积与煤样品总体积之比（Palmer and Mansoori，1998），其表达式为

$$\varphi = \frac{nblh}{AL} \tag{2-21}$$

式中，n 为裂隙数量；b 为裂隙开度；l 为裂隙长度；h 为裂隙高度，即裂隙在 Z 轴方向延伸的长度；A 为样品横截面面积；L 为样品长度。

当假设样品测量截面上的裂隙是贯通裂隙，即高度 h 等于样品长度 L 时，式（2-21）可以简化为

$$\varphi = \frac{hbl}{A} \tag{2-22}$$

即获得的裂隙度 φ = 裂隙总面积/样品横截面面积。横截面上裂隙的总面积在开度计算时已经得到，裂隙度的计算结果列于表 2-6 中。通过比较同一样品中不同截面上裂

表 2-6　裂隙开度、裂隙度、面密度、间距以及连通率信息

样品编号	方向	10~50μm 裂隙数量	10~50μm Pct./%	50~100μm 裂隙数量	50~100μm Pct./%	100μm 裂隙数量	100μm Pct./%	b/μm	φ/%	f/(1/mm)	a/mm	C/(1/cm²)	b_P/b_V	φ_V/φ_V	$\varphi_{Vh}/\varphi_{Vh}$	C_P/C_V	K_P/K_V	K_{Ph}/K_{Vh}	p/MPa
QM1-1	V	330	20.15	1133	69.17	175	10.68	74.59	5.80	0.778	1.286	16.37	1.68	1.90	3.19	1.06	5.32	8.92	7.03
QM1-1	P	99	12.24	315	38.94	395	48.83	124.96	11.00	0.874	1.136	17.34							
QM1-4	V	70	11.95	415	70.82	101	17.24	92.70	5.20	0.056	1.783	2.59	1.07	1.15	1.23	1.59	1.33	1.42	
QM1-4	P	34	3.74	571	62.89	303	33.37	99.32	6.00	0.061	1.655	4.12							
QM1-6	V	1593	73.07	569	26.10	18	0.83	52.11	6.70	0.128	0.778	24.94	1.67	4.63	7.73	0.73	12.91	21.34	
QM1-6	P	149	9.72	1183	77.17	201	13.11	86.78	31.0	0.356	0.280	18.30							
XG1-1	V	172	76.44	33	14.67	20	8.89	60.98	5.70	0.094	1.070	45.62	1.14	1.54	1.76	1.32	2.00	2.32	5.17
XG1-1	P	450	60.40	268	35.97	27	3.62	69.80	8.80	0.126	0.793	60.12							
XG1-3	V	362	65.34	176	31.77	16	2.89	62.60	3.10	0.049	2.019	9.42	1.31	2.39	3.13	1.59	4.10	5.40	
XG1-3	P	234	66.29	101	28.61	18	5.10	82.18	7.40	0.009	1.111	14.97							
XG1-5	V	673	71.29	262	27.75	9	0.95	55.57	4.00	0.072	1.389	18.97	1.08	1.45	1.57	1.88	1.69	1.82	
XG1-5	P	254	80.89	49	15.61	11	3.50	59.97	5.80	0.114	1.034	35.71							
XG2-2	V	246	86.62	28	9.86	10	3.52	51.07	2.80	0.542	1.845	17.75	1.34	1.61	2.16	0.65	2.89	3.88	5.42
XG2-2	P	414	52.27	357	45.08	21	2.65	68.23	4.50	0.067	1.516	11.46							
XG2-5	V	227	72.76	74	23.72	11	3.53	52.10	1.90	0.355	2.816	7.42	1.33	2.84	3.78	1.07	5.02	6.89	
XG2-5	P	326	49.39	313	47.42	21	3.18	69.22	5.40	0.785	1.274	7.93							
XG2-6	V	299	75.70	82	20.76	14	3.54	59.96	2.40	0.455	2.199	7.73	1.16	1.54	1.79	1.43	2.07	2.40	
XG2-6	P	979	60.17	608	37.37	40	2.46	66.18	3.70	0.599	1.669	11.05							

注：V 表示垂直层理方向；P 表示平行层理方向；Pct.表示裂隙数量在总裂隙数量中的百分比；φ 为裂隙度；b 为裂隙开度；f 为线密度；a 为间距；C 为连通系数；下角 h 表示考虑了裂隙的高，如 K_{Ph} 即考虑了裂隙的高时计算的平行层理方向的渗透率。

隙度，我们发现平行层理方向裂隙度是垂直层理方向的 1.15～4.63 倍，平均为 2.12 倍。

事实上，很难确定拍摄到的裂隙是否是贯通裂隙。Dawson 和 Esterle(2010)发现裂隙的高与间距成反比关系，即裂隙高度随着间距的增加而减小。裂隙的线密度定义为 $f=n/l_{lin}$，其中 n 是裂隙的条数，l_{lin} 是测量线的长度。裂隙的间距与线密度呈倒数关系。另外，有学者通过煤岩岩心数据发现，煤中裂隙高度的变化与裂隙开度呈线性关系 (Laubach et al.，1998)：

$$h = db \tag{2-23}$$

式中，d 为经验常数，其数值约为 1000。

将式(2-23)代入式(2-22)并计算煤样裂隙率，结果显示平行层理方向裂隙度与垂直层理方向的比值为 1.23～7.73，平均值为 2.93(表 2-6)。

同样的，裂隙面密度也是表示裂隙发育密集程度的参数，其表达式为(Karacan and Okandan，2000)

$$f = \frac{l_n}{A} \tag{2-24}$$

式中，l_n 为裂隙的总长度。通过比较，平行层理方向裂隙面密度是垂直层理方向的 1.09～2.78 倍(平均为 1.61 倍)。

裂隙间距可以通过截面面积、开度和裂隙总长度等参数估算，具体计算公式为

$$a = \frac{A - bl_n}{nl_n} \tag{2-25}$$

通过式(2-25)计算得出垂直层理方向裂隙间距是平行层理方向的 1.08～2.78 倍(平均为 1.58 倍)，即平行层理方向裂隙更加发育。

3) 裂隙粗糙度

裂隙分形维数是反映裂隙粗糙度的有效参数之一。依据煤样体视镜裂隙图像计算不同裂隙的分形维数，进而分析裂隙粗糙度特征。详细的图像处理步骤为：①对目标单裂隙的平均开度进行测量；②裂隙剖面图像通过 Image-Pro Plus 软件进行光栅化处理(图 2-10)；③通过 ImageJ 软件获取光栅化后图像在空间中的笛卡儿坐标，然后通过数学软件 Mathematica 计算图像的分形维数[图 2-11(a)]。

详细的分形维数计算方法在 2.1.2 节第 4 部分"裂隙分形相关参数"部分已经做了详细介绍，基于体视镜照片的分形维数计算适用式(2-12)和式(2-13)计算。计算获取 10 条典型的 JRC 曲线分形维数特征，可以用来定量研究轮廓曲线的粗糙程度，同时可以极大地避免人眼识别时所产生的误差。从图 2-10(b)中可以看出分形维数与 JRC 值存在良好的线性关系：$y=2342.73x-2344.48$，相关系数 $R^2=0.9365$。

考虑到煤中裂隙包括内生裂隙(割理)和外生裂隙两大类，其中外生裂隙形成于张应力或剪切应力。由张应力所形成的裂隙通常表现出羽状、网状、树枝状、锯齿状等，而剪性应力形成的裂隙通常呈阶梯状、X 状(Su et al.，2001)。在对随机选择的 200 条

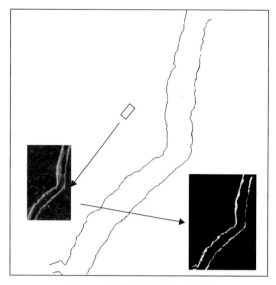

图 2-10　裂隙剖面光栅化处理

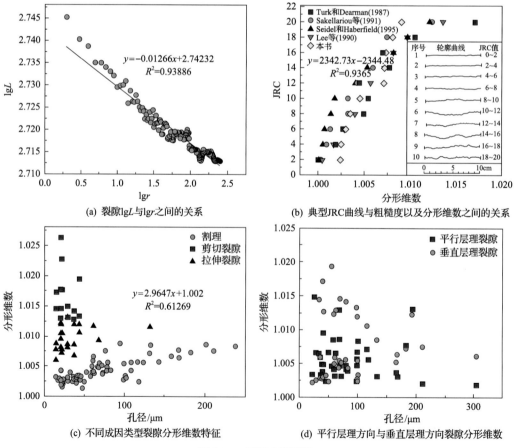

(a) 裂隙lg$L$与lg$r$之间的关系

(b) 典型JRC曲线与粗糙度以及分形维数之间的关系

(c) 不同成因类型裂隙分形维数特征

(d) 平行层理方向与垂直层理方向裂隙分形维数

图 2-11　裂隙分形维数

裂隙进行研究后发现，外生裂隙分形维数大于割理。其中割理的分形维数与割理开度具有线性关系 ($y=2.9647x+1.002$，$R^2=0.61269$)。此外，剪性裂隙剖面的分形维数大于张性裂隙剖面[图 2-11(c)]。通过比较平行层理方向与垂直层理方向裂隙剖面粗糙度可以发现，在开度相同的情况下，平行层理方向裂隙的分形维数小于垂直层理方向裂隙的分形维数[图 2-11(d)]。

4) 裂隙的组合形式以及连通性

通过对比样品互相垂直平面的二值化图片，平行层理方向裂隙与垂直层理方向裂隙的组合形式可以很容易被观察到。平行层理方向裂隙剖面组合形式包含网状、不规则网状，渗透率相对较好；而垂直层理方向裂隙剖面组合形式多呈孤立状、平行状，其渗透性相对较差(图 2-12)。

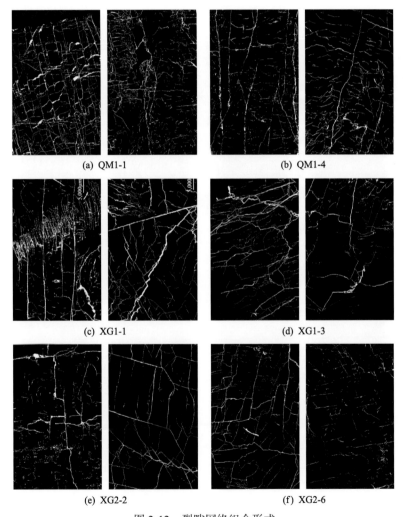

(a) QM1-1　　　　　　　　　　(b) QM1-4

(c) XG1-1　　　　　　　　　　(d) XG1-3

(e) XG2-2　　　　　　　　　　(f) XG2-6

图 2-12　裂隙网络组合形式

各小图左图为平行层理方向裂隙剖面；右图为垂直层理方向裂隙剖面

Robinson(1983)认为，裂隙网络的连通性可以通过每测量单位内裂隙连接点的数量进行定量表征。为了计算方便，同时减少误差，将二值化后的图片进行网格化划分，然后统计每一个单元格内裂隙交叉点的数量，最终获得所有交叉点的数量信息（图 2-13）。

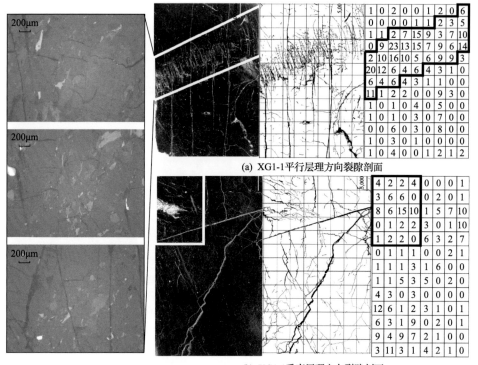

(a) XG1-1平行层理方向裂隙剖面

(b) XG1-1垂直层理方向裂隙剖面

图 2-13 网格交点法应用在裂隙网络原理图

将裂隙连通率定义为样品表面裂隙交叉点总数与样品表面面积之比，其表达式为

$$f_c = \frac{n_i}{A} \tag{2-26}$$

计算结果见表 2-6，裂隙连通率在不同的层理方向表现出较大差异。在平行层理方向上裂隙连通率大于垂直层理方向，其相应的比值范围为 1.06~1.88（表 2-6）。

5）煤中裂隙的各向异性

本节对煤中裂隙在不同方向发育的各向异性特征进行了充分研究。平行层理方向与垂直层理方向的裂隙开度比为 1.07~1.68，裂隙度比为 1.15~4.63。煤中裂隙网络中，有很大一部分裂隙由于呈孤立状或被矿物填充而不利于流体通过。因此，有效的渗流路径是控制煤层气开采的关键。本节展示了平行层理方向裂隙连通性大于垂直层理方向，在实验中，裂隙的连通情况不同将会导致渗透率结果不同。分形理论可以充分说明裂隙粗糙度特征，粗糙度对渗透率影响很大，流体在渗流通道中因摩擦阻力造成损失，影响到渗透率的值。对比 200 条随机选择的裂隙粗糙度测量结果可以发现，不同类型的裂隙粗糙度有明显的区别，在开度相同的情况下，垂直层理方向裂隙的粗糙度大于平行层理方向裂隙。

4. 微米尺度裂隙发育影响因素

1) 原位地应力对裂隙特征的影响

煤层原位地应力是一种来自周围围岩的挤压力，通常包含上覆地层压力、构造应力及由于不均匀的地温梯度和水力梯度等产生的应力。Laubach 等(1998)发现割理的形成过程与原位地应力有紧密的联系，通常在地应力很强的区域割理分布非常稀疏。外生裂隙主要是由构造运动造成的。在地质历史中，构造运动的强度决定着外生裂隙的尺度，同时外生裂隙的延伸方向也与最大主应力的方向相同。割理和外生裂隙主要在张性应力区延伸和发展，在剪切区则呈现收缩和闭合的趋势。不同的应力导致平行层理面和垂直层理面上的裂隙开度比不同。如图 2-13 所示，在裂隙发育密集区域煤岩组分的分布是均匀的，因此排除了不同组分对裂隙发育差异性的影响。平行层理方向裂隙剖面显示，裂隙发育密集区域有明显的构造挤压痕迹，且裂隙在构造挤压下发生变形。在裂隙发育密度方面，裂隙网络的连通性明显增加，但是裂隙的开度远小于相邻区域内裂隙。

Anderson(1951)提出三种构造形式下的原位地应力类型(Zoback et al.，1989；Peng and Zhang，2007；Meng et al.，2011；Zhang and Zhang，2017)，正断层构造应力类型($\sigma_v \geqslant \sigma_H \geqslant \sigma_h$)、走滑断层构造应力类型($\sigma_H \geqslant \sigma_v \geqslant \sigma_h$)及逆(推覆)断层构造应力类型($\sigma_H \geqslant \sigma_h \geqslant \sigma_v$)。从阜康矿区地质背景中可以看出，煤层一直承受着巨大的挤压应力(图 2-14)。博格达山南缘的梯队排列构造及成排的背斜结构表明，挤压作用贯穿整个地质

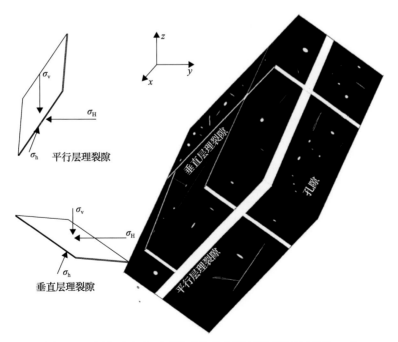

图 2-14　原位地应力下裂隙系统受力原理图(煤层倾角为 55°)

运动历史，意味着构造应力在博格达山南缘远大于其他区域。考虑到每一个局部的构造均是逆断层，且断层间距从东到西逐渐增加，因此，水平应力支配着构造过程，构造应力是地质历史中运动的主要能量来源。随着时间的推移，阜康矿区内构造应力引起的不同层理方向裂隙发育特征存在显著差异。

研究区内下侏罗统八道湾组42#煤层的倾角最大值达到55°，准噶尔盆地南部的新构造应力分布呈 NE—NNE 向，与中燕山时期和晚喜马拉雅时期出现的古构造应力场一致。上覆地层压力可以根据煤层埋深得到

$$\sigma_{v} = \bar{\rho} g h \tag{2-27}$$

式中，h 为煤层埋深，m；$\bar{\rho}$ 为上覆岩层平均密度，这里取值为 2.3g/cm^3。

在走滑断层和逆断层形式中泊松比取值范围为 $0.16 < \nu < 0.5$，最大水平主应力的上限（σ_{H}^{UB}）以及最小水平主应力的下限（σ_{h}^{lB}）可以根据下列公式得到（Koenig and Stubbs，1986）：

$$\sigma_{H}^{UB} = \frac{1-\nu}{\nu}(\sigma_{v} - \alpha p_{p}) + \alpha p_{p} \tag{2-28}$$

$$\sigma_{h}^{lB} = \frac{\nu}{1-\nu}(\sigma_{v} - \alpha p_{p}) + \alpha p_{p} \tag{2-29}$$

式中，ν 为泊松比，这里取值为 0.235（Fu et al.，2017）；α 为 Biot 有效应力系数，当压实接近断层时，取值接近于 1；p_{p} 为储层压力，MPa。

本节实验样品取自气煤一井（QM1-1、QM1-4、QM1-6）、西沟一矿（XG1-1、XG1-3、XG1-5、XG1-6）及西沟二矿（XG2-2、XG2-5、XG2-6），埋深分别为476m、230m、264m。储层压力可以根据关系式 $p_{p}=0.0076h+3.4173$（$R^2=0.9198$）计算（Wang et al.，2011），计算结果列于表 2-6 中。将储层压力代入式（2-26）~式（2-28）可以计算得出原位地应力。根据中国地震局的最新数据，准格尔盆地南缘附近 400m 深度最大主应力（σ_{H}）为 4.99~20.5MPa，最小主应力（σ_{h}）为 4.59~14.1MPa；2484m 和 3508m 深度最大主应力分别为54.03MPa 和 58.73MPa，最大主应力方向为 NE 向（Zhang J et al.，2016）。根据 Griffith理论，裂隙开度受原位地应力的大小和方向影响较大。原位地应力对于裂隙开度的影响机制主要表现为：①当应力平行于裂隙发育方向时，裂隙开度增加；②当应力垂直于裂隙发育方向时，裂隙开度受到挤压而减小。Zhang 等（2007）研究发现，在大小均匀的二轴应力加载实验中，岩石裂隙开度仅比原始数据有些许减少；在应力非均匀加载（$\sigma_{x}=2\sigma_{y}$）后，裂隙开度减小程度要小于前者；而当单向加载时，沿平行于裂隙延伸方向加载的裂隙开度会随着应力的增加而增加。平行层理方向的裂隙延伸方向与 σ_{H} 和 σ_{v} 的合力方向基本平行，裂隙的尖端受到局部高压，造成裂隙尖端煤岩可以释放更多的甲烷气体，裂隙的开度等级增大，延伸变长；相反，垂直层理方向延伸的裂隙壁会受到更多的挤压力，裂隙发育较差。力的作用明显造成了平行层理方向裂隙与垂直层理方向裂隙的开度、裂隙度和连通性的差异。

　　煤中裂隙的形成受到内驱动力、外驱动力及煤体强度的综合影响。裂隙形成的内因主要是指煤化作用过程中所形成的内张力，阜康矿区的煤样平均镜质组反射率约为0.6%，在温度和压力作用下，发生脱水和脱挥发分作用，有机大分子的侧链和官能基团的脱落产生的大量挥发性气体和高压流体被封存于孔隙和裂隙中而不能及时排出，进而造成大量裂隙产生，在这种情况下，在内驱动力作用下形成的割理将会因受力角度的不同而显示出不同的发育特征。另外，由于流体在裂隙内活动更加剧烈，导致割理开度增大，割理的两壁也将在流体的影响下发生变化，导致割理面粗糙度随割理开度的增大而增大。合力对垂直层理方向裂隙的发育起到抑制作用。当煤岩所受合力大于煤体强度时，煤体发生破裂，生成外生裂隙。外生裂隙通常可以切穿不同煤岩组分，且可以与层理以不同角度相交，除此以外，外生裂隙中充填着碎煤屑、方解石、黏土矿物和黄铁矿等。割理则不同，其发育通常受限于亮煤条带，且无碎煤屑充填(Su et al.，2001)(图 2-15)。考虑到外地应力通常更加剧烈，因此，外生裂隙的粗糙度通常也大于割理。平行层理方向的应力导致该方向延伸的裂隙具有更大的张性特征，考虑到张性裂隙有随流体压力改变而变化的特点，随着流体压力的反复变化，张性裂隙也随之反复地张开、延伸、闭合，这是张性裂隙的裂隙壁较为光滑的主要原因。垂直层理方向延伸的裂隙则不同，在应力作用下，其延伸更多地呈现出张剪性、压剪性特征。

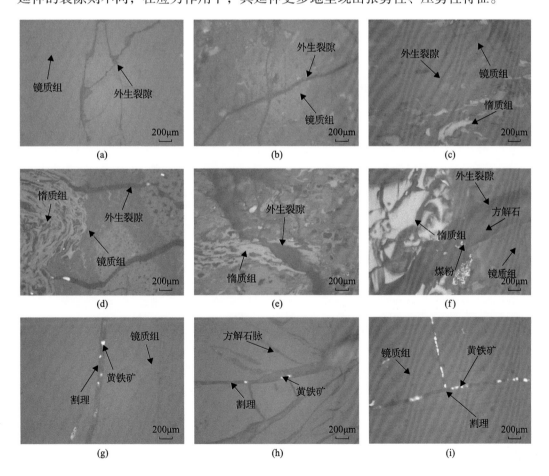

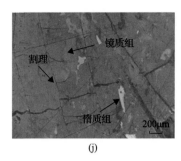 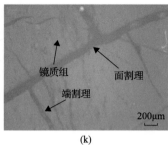 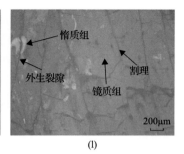

图 2-15　煤中外生裂隙与内生裂隙（割理）显微特征

2) 储层压力对裂隙的影响

煤储层压力主要是指煤层孔裂隙空间内的流体压力，其受上覆地层压力、构造应力和静水压力等的制约。储层压力对煤层气储量和赋存状态有显著影响，为煤层气的运移和产出提供主要驱动力。

通过研究平行层理与垂直层理方向平均裂隙开度比值与煤储层压力之间关系，发现两者之间具有明显的线性关系：$b_p/b_v=0.14612p_p+0.45065$（$R^2=0.91021$）（图 2-16）。两个方向裂隙平均开度比值与储层压力的线性关系表明，储层压力的变化会影响裂隙各向异性发育特征。储层压力越大，对不同方向上裂隙发育的影响越大。然而，由于大倾角煤层埋深变化大，在不同埋深段布井时不可采用统一标准，因此，在进行布井时，煤层中裂隙发育的各向异性特征需要着重研究。

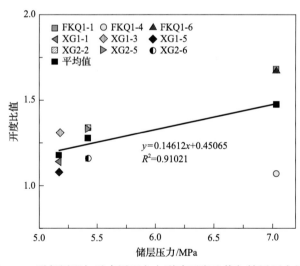

图 2-16　平行层理与垂直层理方向裂隙开度比值与储层压力关系

2.3.2　偏光显微镜下的微米尺度裂隙特征

1. 偏光显微镜操作步骤

相较于体视显微镜，偏光显微镜可以识别更小尺度的裂隙，可以用于微米级裂隙的研究工作。偏光显微镜微裂隙观测的具体步骤为：①将待观测光片放置于偏光显微镜下；②将光片边缘的一条裂隙作为起点，沿一定方向（横向或纵向）转动载物台，通过目镜观测光片并在该光片沿此方向的最后一条裂隙处终止统计；③记录载物台的移动距离和观测到的裂隙数目并求得该方向上的裂隙线密度，并采用多次测量求平均值的方法来减小误差（图 2-17）。应当注意的是，在观测统计微观裂隙密度时，偏光显微镜的放大倍数应保持一致，否则相互之间的裂隙密度缺乏可比性。一般采用放大 100 倍来观测微观裂隙的发育情况。煤中微观裂隙观测照片见图 2-18。

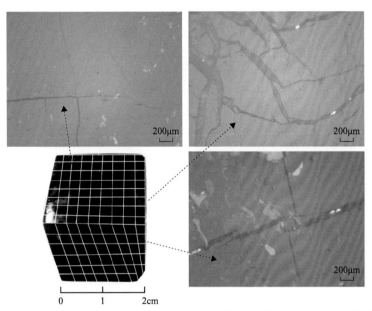

图 2-17　使用 Zeiss Axio Imager microscope 对样品三个不同方向微米尺度裂隙发育特征的获取步骤

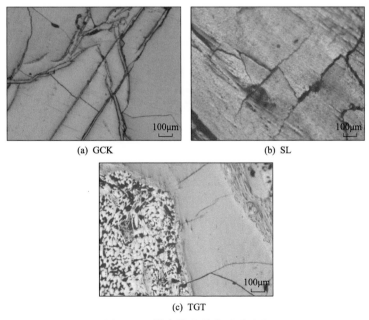

(a) GCK

(b) SL

(c) TGT

图 2-18　煤中微观裂隙观测照片

2. 偏光显微镜下微米尺度裂隙发育特征及影响因素

1)煤级控制裂隙密度发育

煤级对煤中裂隙发育特征具有重要影响。因此，基于偏光显微镜观测的实验手段，以 DLT、BD、XTM08-1、WY01、WY03 等不同煤级的煤样为例，探讨了煤级对煤中微米尺度裂隙发育的影响。运用上述方法对煤中裂隙密度的观测统计数据汇总如表 2-7 所示，煤级与微米尺度裂隙的关系如图 2-19 所示。

表 2-7 煤中裂隙密度观测数据统计表

煤样编号	$R_{o,max}$ /%	微观裂隙密度 /(条/10mm)	煤样编号	$R_{o,max}$ /%	微观裂隙密度 /(条/10mm)
DLT	0.54	4.4	DSC	1.91	6.1
BD	0.55	4.6	SH03	2.24	4.1
XTM08-1	0.85	4.9	JC	2.52	4.0
WY01	1.06	6.0	WNK	3.59	2.2
WY03	1.73	5.7			

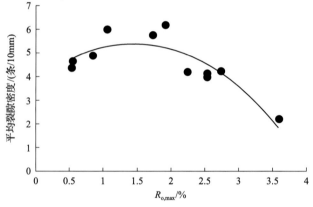

图 2-19 煤中微米尺度裂隙密度与煤级的关系图

根据图 2-19，与宏观裂隙发育密度随煤级的变化趋势相同，煤中微米尺度裂隙随煤级的增大呈先增大后减小的趋势，主要表现为当 $R_{o,max} \leqslant 1.5\%$ 时，煤中微米尺度裂隙密度随煤级的增大而缓慢增大；当 $R_{o,max} > 1.5\%$ 时，煤中微米尺度裂隙密度随煤级的增大而快速减小，且增大部分与减小部分的变化速度有所差异。

与宏观裂隙形成过程相似，煤岩微米尺度裂隙同样是在煤化作用过程中形成的，其形成是煤岩内部流体高压和构造应力、煤体本身强度共同作用的结果。在煤化作用过程中，煤中有机分子侧链和官能团随温度和压力的增加不断发生断裂和脱落，由此产生大量挥发性物质。挥发性物质的聚集进而产生的流体高压是煤中裂隙发育的主要内动力(王生维等，1996)。煤化作用过程中裂隙的形成不是一蹴而就的，而是经历了几个不同的阶段。考虑到当 $R_{o,max} \approx 1.5\%$ 时煤样会发生第二次跃变，此时煤中甲烷大量逸出，生烃量达到最大值。因此，煤中裂隙的产生可以分为两个阶段：当 $R_{o,max}$<1.5%时，煤中裂隙随生气量增大而逐渐增大；当 $R_{o,max}$=1.5%时，气体生成量达到最大值，大量气体的产出一方面使煤体因脱挥发分而导致内张力增大，另一方面气体大量生成而未能及时有效逸出，聚集在煤体孔隙内而产生流体高压，内张力的增大和流体高压的产生为裂隙的发育提供了极为有利的条件，因此在这一阶段煤体内裂隙密度达到最大值；当 $R_{o,max}$>1.5%时，随着生烃量的减小，煤岩因脱挥发分而产生的内张力逐渐减小，造成气体生成量减小，另一方面前期（$R_{o,max}$≤1.5%时）产生的众多裂隙使生成的气体能够沿着裂隙有效地逸出，难以在煤体内大量聚集而形成较强的流体压力，因此，在 $R_{o,max}$>1.5%时，新生成的裂隙较少（张胜利和李宝芳，1996）。同时，在不断增大的地应力作用下，已生成的裂隙会产生闭合甚至消失，因此，当 $R_{o,max}$>1.5%时，煤中裂隙密度随变质程度增大而减小（Spearsa and Caswell，1986）。

2）裂隙宽度与煤级的关系

裂隙开度通常指裂隙张开的两裂隙壁之间的垂直距离。研究不同变质程度煤样裂隙开度的变化规律对评价不同煤层产气能力、进行煤储层渗透性预测具有重要意义。裂隙开度的测量统计步骤为：①在偏光显微镜下对制作好的煤光片进行观测并拍照、添加比例尺；②将得到的照片利用图形编辑软件打开，在相同的放大比例下（100倍），利用软件内置的测量工具对裂隙宽度进行测量并记录。由于同一光片中不同裂隙、同一条裂隙不同位置的宽度不同，因此采用测定同一煤岩光片中多条裂隙、对同一条裂隙不同位置进行测量并取平均值的方法定量表征裂隙开度，测试结果见表2-8。

表 2-8　测试煤样基本参数表

编号	镜质组反射率/%	裂隙宽度/μm	裂隙密度/(条/cm)
DLT	0.54	107.4	4.4
BD	0.55	92.5	4.6
XTM08-1	0.85	47.0	4.9
WY01	1.06	213.9	6.0
WY03	1.73	44.9	5.7
DSC	1.91	71.5	6.1
SH03	2.24	67.5	4.2
JC	2.52	45.1	4.0
XZM04	2.53	57.9	4.1
XZM03	2.73	53.1	4.2
WNK	3.59	26.0	2.2

由图 2-20 可知，煤中裂隙开度随煤级变化整体上呈先增大后减小的趋势：当 $R_{o,max}$<1%时，裂隙宽度随煤级的增大而增大；当 $R_{o,max}$≈1%时，裂隙宽度达到最大值，约为210μm；当 $R_{o,max}$>1%时，裂隙宽度随煤级的增大而减小，且 $R_{o,max}$<1%时裂隙开

度的变化幅度明显大于 $R_{o,max} > 1\%$ 时。

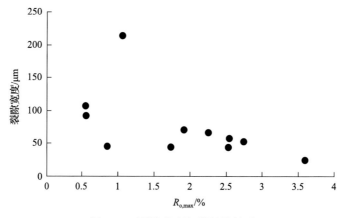

图 2-20 裂隙宽度与煤级的关系

煤中裂隙开度随煤级的变化规律与煤中裂隙密度随煤级的变化规律类似，均为先增大后减小的趋势，说明两者之间具有一定的关联。如前所述，煤中的异常高压导致了煤中裂隙的生成。随着煤化作用的进行，煤体中产生的流体不断集聚，产生的流体压力也不断增大，当流体压力大于煤体自身强度时，煤体发生破裂产生裂隙。在裂隙产生时，煤体所受的构造应力控制着裂隙发育的方向。流体的产出在 $R_{o,max}$ 为 1.3%～1.5%时达到最大值，此时产生的流体压力最大，因此此时发育的裂隙数量最多，宽度最大；在此之前，由于产出的流体较少，流体压力较小，因此发育的裂隙条数较少，宽度较小；在此之后，一方面由于流体的产出量减小，提供的流体压力减小，另一方面产生的流体沿着之前产生的裂隙逸散而难以聚集形成流体高压，同时，在地应力不断增大的情况下裂隙发生闭合而导致裂隙宽度减小甚至闭合消失。

2.3.3 微米 CT 扫描下的微米尺度裂隙特征

1. 煤样的选择与基本信息

为了更好地研究不同煤级微米尺度裂隙三维发育特征，以中国煤层气开采示范区或潜在开采区的新疆准东矿区（XGM）、河南鹤壁矿区（HBM）和山西晋城矿区（SHM 和 ZZM）的煤岩样品为例进行研究（表 2-9）。根据《Classification of coals: ISO 11760-2018》，所选煤样包括低煤级烟煤（$R_{o,ran} < 1\%$）、中煤级烟煤（$1\% \leqslant R_{o,ran} < 2\%$）、高煤级烟煤和无烟煤（$2\% \leqslant R_{o,ran} < 6\%$）。同时，为了消除变形作用对煤孔隙结构的影响，所采煤样均为弱构造变形煤。弱构造变形煤是指遭受弱构造应力而煤的原生结构未被完全破坏的煤，这些煤岩整体呈较大的块状且硬度较强，徒手很难掰碎。所采煤样如图 2-21 所示。

实验煤样基本信息如表 2-9 所示，实验煤样在煤级、孔隙度、渗透率、显微组分和矿物质含量方面具有明显的差异。实验煤样的镜质组随机反射率（$R_{o,ran}$）介于 0.59%～2.80%，跨度涵盖次烟煤至无烟煤。煤的显微组分分析显示镜质组分为实验煤样的主要显微组分，分布范围为 84.09%～94.75%，而矿物质含量范围为 1.56%～12.05%。氮气孔隙度(ϕ_h)、CT 孔隙度(ϕ_{CT})和空气渗透率值(K_a)的分布范围分别为 1.70%～5.47%、0.94%～2.12%和 0.004～1.465mD，表明实验煤样具有显著的孔隙度差异和渗透率差异。

表 2-9　实验煤样的煤岩组分、氦气孔隙度、空气渗透率和 CT 孔隙度数据

样品号	取样点	镜质组含量/%	惰质组含量/%	壳质组/%	矿物质含量/%	$R_{o,ran}$/%	ϕ_h/%	ϕ_{CT}/%	K_a/mD
XG01	西沟矿	89.63	7.05	1.76	1.56	0.59	5.47	2.12	0.161
XG02	西沟矿	88.51	6.36	1.47	3.66	0.62	4.80	1.72	1.465
HB02	鹤壁矿	87.32	6.81	1.41	4.46	1.35	4.30	1.06	0.194
HB01	鹤壁矿	90.88	7.15	—	1.97	1.60	3.89	1.17	0.015
ZZ01	赵庄矿	94.75	3.30	—	1.95	2.29	3.29	1.13	0.149
ZZ02	赵庄矿	86.96	11.06	—	1.98	2.43	1.70	0.94	0.013
SH02	寺河矿	84.09	3.86	—	12.05	2.74	3.60	1.54	0.081
SH01	寺河矿	84.80	9.40	1.20	4.60	2.80	2.22	1.49	0.004

(a) XGM

(b) HBM

(c) SHM

(d) ZZM

图 2-21　实验煤样照片

2. 微米 CT 扫描原理

X 射线微米 CT 设备的工作原理是基于 X 射线在穿透材料后的能量衰减变化，可以用 Lambert-Beer 定律表示：

$$I = I_0 e^{-\int \mu(s) ds} \tag{2-30}$$

式中，I 为 X 射线穿透材料后的能量；I_0 为 X 射线的入射能量；$\mu(s)$ 为沿路径 s 的线性衰减系数。

X 射线的衰减程度与材料的原子序数和密度有关，高序数的原子和高密度的物质对 X 射线的吸收能力更强。不同密度物质对 X 射线的吸收程度不同，因此用具有一定初始能量的 X 射线照射物质，并通过感光器件将透射后的 X 射线能量通过光电转化变为电压信号，再转变为肉眼可分辨的灰度值，就可以反映出物质内部的微观结构。

X 射线微米 CT 扫描设备通常由 X 射线源、样品台和探测器组成(图 2-22)。样品位于 X 射线源和探测器之间，样品的厚度、组成和密度决定了到达探测器的 X 射线强度。实验过程中，射线源首先发出锥形 X 射线，样品台进行 360°旋转，然后探测器将接收到的大量 X 射线衰减图像并重构出三维的立体模型(Vlassenbroeck et al., 2007)。这个数据体是线性衰减系数的三维分布，用灰度值表示。传统的实验室设备可以在几分钟到几小时内获得高质量的图像。目前传统的实验室微米 CT 设备的分辨率最高可以达到 0.5μm，但是对于使用闪烁体和高放大倍数的光学设备的 CT 系统分辨率可以达到 50~100nm(Feser et al., 2008; Gelb et al., 2009)。

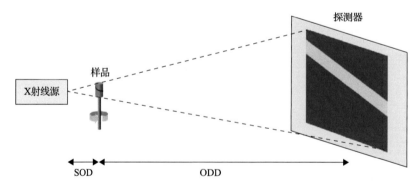

图 2-22　实验室微米 CT 装置示意图(据 Bultreys et al., 2016)

SOD 表示源对象距离(source object distance)；ODD 表示目标探测器距离(object detector distance)

3. 微米 CT 提取裂隙的实验方法及步骤

为了微米 CT 扫描测试的顺利进行，根据国际岩石力学学会(ISRM)标准和现场实验标准化委员会规范，沿垂直层理面方向，用钻样机(图 2-23)分别对上述矿区的块状煤样钻取煤心(Φ=25mm，L=30mm)工作，并磨光两端面以确保上下两端面的平行度差小于 0.1mm，随后将样品置于 80℃烘箱内进行烘干(24h)，共加工得到满足实验条件的煤柱样 8 个(图 2-24)。

图 2-23　立式钻样机

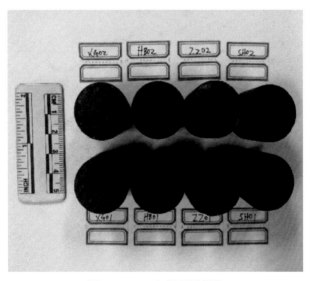

图 2-24　CT 扫描所用煤柱

　　在 CT 扫描实验之前，先对 8 个柱状煤样进行氦气孔隙度和空气渗透率测定。所用的仪器为美国 Coretest 公司生产的 AP-608(图 2-25)，实验过程依据的标准为《Recommended practices for core analysis: API RP40-1998》。氦气孔隙度的测定原理为玻意耳定律，在气压 0.6MPa、环压 1.2MPa 的条件下将样品密封在哈斯勒夹持器中，当气流稳定后进行渗透率值的测定。CT 孔隙度值为在 Avizo 中重构的三维数据体中孔隙体积与总体积的比值。

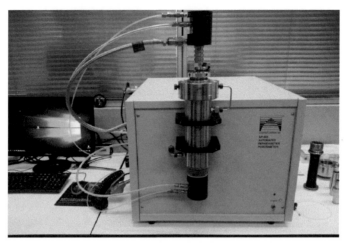

图 2-25　AP-608 自动孔隙度-渗透率测试仪

CT 扫描实验是在德国 ZEISS 公司生产的型号为 MicroXCT-200 的 CT 扫描仪上进行的(图 2-26)。实验条件：电压为 60kV，功率为 10W，滤光片为 LE1 型 X 射线滤光片，曝光时间为 15s，视场为 25mm×25mm，分辨率为 13μm，温度为 25℃，湿度小于 70%。扫描前，需将柱状煤样垂直固定在样品夹持器上，随后开启电源发射 X 射线，关闭铅门，转台带动样品旋转 360°，探测器即可获取透射 X 射线光束的信息。这些由探测器收集到的信息随即在一台 XRM 重构器(与 CT 扫描设备连接)中进行重构以获取煤样内部的结构信息，每个样品共获得 2028 张 2048×2048 像素的二维 CT 切片。这些二维切片图随后被导入图像处理软件 Avizo 中进行三维重构和定量分析。

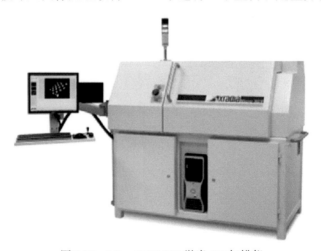

图 2-26　MicroXCT-200 微米 CT 扫描仪

1) 图像处理

通过微米 CT 扫描得到的煤岩二维切片通常比较模糊且含有噪声，因此，为了后续更好地观测和分析微裂隙和孔隙的结构特征，首先需要进行一系列的图像处理。数字图像处理主要是通过 ImageJ 和 Avizo 软件对二维 CT 切片进行灰度调节、滤波、三维重构和阈值分割等相关处理，其中最重要的是滤波和阈值分割。

(1) 图像预处理。

以样品 XG01 为例，首先运用 ImageJ 软件对得到的二维切片图进行灰度调节（图 2-27）。经过灰度调节后，通过 CT 二维切片图可以容易分辨出三类物质：其中灰色代表煤基质，亮白色代表矿物质，而深黑色代表孔裂隙[图 2-27(b)]。然而，从切片图上也可以看到伪影的存在，因此需要进一步进行滤波处理。

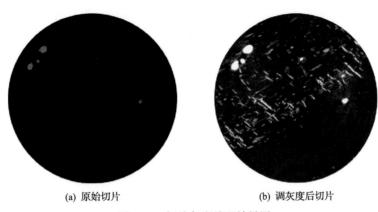

(a) 原始切片   (b) 调灰度后切片

图 2-27　切片灰度处理效果图

在 ImageJ 中分别选用中值滤波、均值滤波和高斯滤波对调节灰度后的切片进行滤波处理，效果如图 2-28 所示。从图中可以看出，三种滤波方法中，中值滤波法效果最好，均值滤波效果次之，高斯滤波效果最差。中值滤波既能有效降低噪声，又能很好地保持图像元素的完整性和清晰度，有利于后续进行阈值分割和孔隙结构的提取。因此，本节选用中值滤波对煤样原始切片进行平滑降噪。

(a) 中值滤波   (b) 均值滤波   (c) 高斯滤波

图 2-28　切片滤波处理效果图

(2) 图像三维重构。

将经过预处理后的 2028 张二维切片图导入 Avizo 中进行三维可视化。重构出的柱样如图 2-29(a) 所示。由于计算机内存和处理器的限制，需要对重构出的柱样进行裁剪操作，从而选取出表征单元体 (representative elementary volume)。为了得到既能充分反映煤的内部孔隙结构又能兼顾计算机处理能力的数据体，从柱样中切出了最大内接正方体，大小为 17.3mm×17.3mm×17.3mm[图 2-29(b)]。

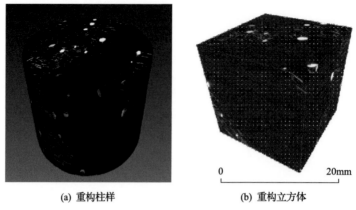

(a) 重构柱样   (b) 重构立方体

图 2-29　三维重构数据体

2) 阈值分割

阈值分割是图像处理的关键步骤，影响后续的图像分析（Schlüter et al.，2014）。假设图像灰度函数为 $f(x, y)$，其灰度范围是 $[0, L]$，选择一个合适的阈值 T，图像分割可以描述为

$$g(x,y)=\begin{cases}1, & f(x,y) \geqslant T \\ 0, & f(x,y) < T\end{cases} \tag{2-31}$$

式中，$g(x,y)$ 为经阈值处理后的图像灰度函数。

目前存在许多不同的阈值分割方法，主要包括全局阈值法（global thresholding）和局部阈值分割法（local segmentation），且这些方法的优缺点已被诸多学者评述（Sahoo et al.，1988；Pal and Pal，1993；Trier and Jain，1995；Sezgin and Sankur，2004）。全局阈值法是最简单的图像分割方法，仅通过直方图计算来对体素进行分类，而不考虑灰度值在对应图像中的空间排列方式。局部阈值法可以有效平滑物体边界，避免噪声干扰，其通过对邻域分析来进行类赋值。由于增加了灵活性，局部阈值法通常会取得更加令人满意的分割结果（Iassonov et al.，2009；Wang et al.，2011）。

分水岭算法（watershed algorithm）是局部阈值分割中最常用的算法，其基本思想是把图像看作是一幅地形图，图像中每一点像素的灰度值表示该点的海拔高度，每一个局部极小值及其影响区域称为集水盆，而集水盆的边界则形成分水岭（Schlüter et al.，2014）。其中亮度比较强的区域像素值较大，而比较暗的区域像素值较小，通过寻找"汇水盆地"和"分水岭界限"对图像进行分割（贾娟娟，2012）。本节主要采用这一方法在 Avizo 中对三维数据体进行阈值分割，分割结果如图 2-30 所示。

3) 孔隙网络模型提取

孔隙网络模型（PNM）是运用规则形状来描述岩石复杂孔隙空间的一种方法，通过构建孔隙网络模型可以得到岩石孔隙和喉道的半径、体积、长度、配位数和形状因子等信息（图 2-31），以这些信息为基础可以构建与实际情况相符的孔隙网络（雷健等，

2018）。

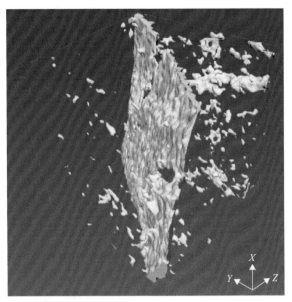

图 2-30　煤样 XG01 的阈值分割图

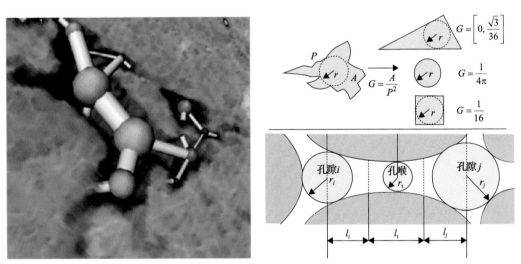

图 2-31　孔隙网络模型参数示意图（据 Dong and Blunt，2009，有修改）

r_i、r_j、r_t 分别为孔隙 i、孔隙 j 和孔喉的半径；l_i、l_{ij}、l_t 分别为孔隙 i、孔隙 j 和孔喉的长度；G 为无量纲形状因子

　　从数字岩心中提取孔隙网络模型的方法主要有居中轴线法和最大球法，居中轴线是指由位于孔隙空间中心位置的体素的集合构成的曲线［图 2-32（a）］，可以通过细化算法（Baldwin et al.，1996；Liang et al.，2000）或燃烧算法（Lindquist et al.，1996；Lindquist and Venkatarangan，1999）得到。居中轴线法可以再现储层岩石的拓扑结构，有效获得储层岩石的连通特性，但是孔隙居中轴线法不能获取孔隙空间的形状等几何特征。为了解决孔隙居中轴线法识别孔隙困难的问题，Silin 和 Patzek（2006）最早提出了最大球

算法。最大球算法不需要细化孔隙空间，而是寻找每一个孔隙体素与骨架体素相切的最大内切球，去掉包含在其他最大内切球中的内切球，剩下的最大内切球称为最大球（闫国亮，2013）。多位学者（Al-Kharusi and Blunt，2007；Blunt et al.，2013）随后发展了最大球算法，局部半径最大的最大球定义为孔隙，在两个孔隙之间局部半径最小的最大球定义为喉道[图 2-32(b)]。

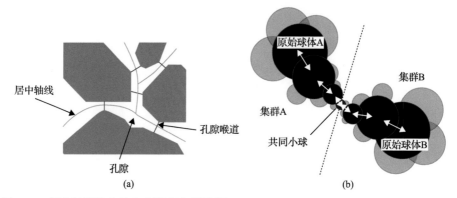

图 2-32　居中轴线法和最大球算法示意图（据 Dong and Blunt，2009；Bultreys et al.，2016）

对于孔隙空间，主要采用最大球算法进行填充，拓扑运算后获得孔隙空间的孔喉分布，最后对孔喉抽象后得到其孔隙网络模型（图 2-33）。

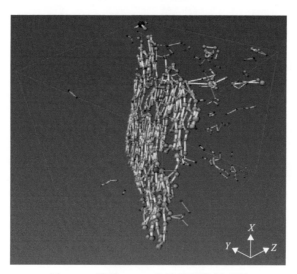

图 2-33　煤样 XG01 的孔隙网络模型图

4. 煤的非均质性特征

煤是一种非均质性强的多孔介质。以煤样 HB01 为例，图 2-34 展示了该煤样的 9 张典型的二维切片图。其中，每两张相邻切片图的间距大概为 1.5mm。从图 2-34 中可以看出，煤样 HB01 中的微裂隙和矿物质的分布具有显著的非均质性，即使在 1.5mm

的切片间距范围内，也具有明显的差异分布，且这一现象在其他煤样中也普遍存在。具体来说，煤样 HB01 中的矿物质主要呈现细条带状填充在裂隙中[图 2-35(a)、(b)]，反映出这些矿物是在裂隙形成后通过沉积而充填在裂隙内的(Karacan and Okandan, 2000)。尽管有些裂隙被矿物部分充填，但是这些裂隙在煤层气从煤基质到井筒的渗流过程中仍然会发挥重要的作用。和煤样 HB01 相比，煤样 SH01 中的矿物分布更加密集，且完全充填在裂隙空间中[图 2-35(c)、(d)]，由此可见，该煤样中密集广泛分布的矿物质不利于煤层气的运移。煤样 XG01 中可见连通性良好的微米尺度裂隙和若干未被矿物充填的大孔，这些孔隙特征表明，该煤样有利于煤层气的运移和抽采。此外，该煤样中的矿物质多呈短直状，且彼此间近乎垂直相交[图 2-35(e)、(f)]。在煤样 ZZ01 中可观察到若干条未被矿物充填的较大微米尺度裂隙，表明该煤样具有较好的煤层气渗流能力。该煤样中的矿物质呈条带状分布，且与裂隙发育方向垂直[图 2-35(g)、(h)]。切片分析表明，实验煤样具有很强的结构非均质性。

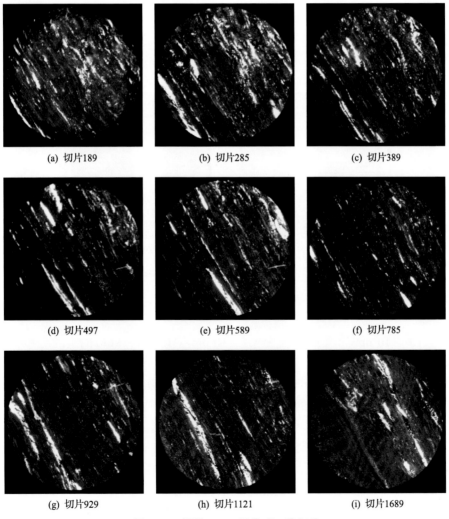

(a) 切片189　　　　(b) 切片285　　　　(c) 切片389

(d) 切片497　　　　(e) 切片589　　　　(f) 切片785

(g) 切片929　　　　(h) 切片1121　　　　(i) 切片1689

图 2-34　煤样 HB01 的典型二维切片

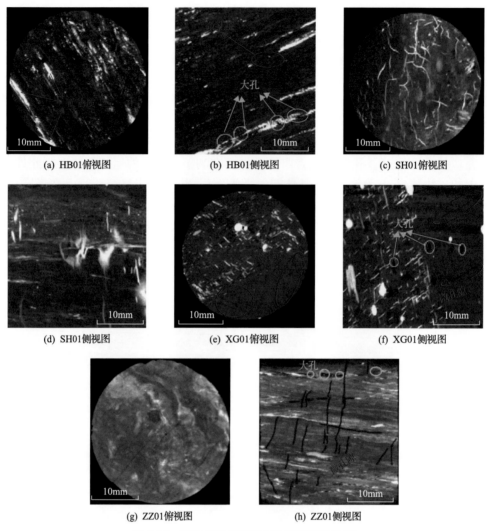

(a) HB01俯视图   (b) HB01侧视图   (c) SH01俯视图

(d) SH01侧视图   (e) XG01俯视图   (f) XG01侧视图

(g) ZZ01俯视图   (h) ZZ01侧视图

图 2-35　实验煤样的俯视切片和侧视切片图

5. 微米尺度裂隙的空间分布特征

大孔（$10^3 \sim 10^4$nm）和微米尺度裂隙（$> 10^4$nm）(Hodot，1966)的空间分布特征是评价煤储层中气体渗流能力的关键因素(Laubach et al.，1998；Yao et al.，2009a；Heriawan and Koike，2015)。图 2-36 展示了 8 个柱状煤样内部孔隙结构的三维重构图。由图 2-36 可以看出，煤样 XG01 中发育的微米尺度裂隙相互之间连通形成一个较大的裂隙网络，连通性良好。尽管该煤样中也可见一些大孔之间聚集形成孔隙集群，然而大部分的孔隙呈孤立分布，连通性差。煤样 XG02 中大孔较发育，部分大孔甚至相互连通呈条带状分布。

煤样 HB02 中可见两个大的裂隙网络，而该煤样中大孔不发育。尽管大孔不发育，但该煤样的测试渗透率值在实验煤样中却很高，达到 0.194mD，表明微米尺度裂隙在气体的渗流过程中发挥了重要作用。相比之下，煤样 HB01 中大孔十分发育，且多在矿物周围发育。尽管该煤样中大孔发育，但该煤样的测试渗透率值(0.015mD)却很低。这很可能是缺乏微米尺度裂隙造成的，因为微米尺度裂隙对煤层的渗透率具有重要的影响

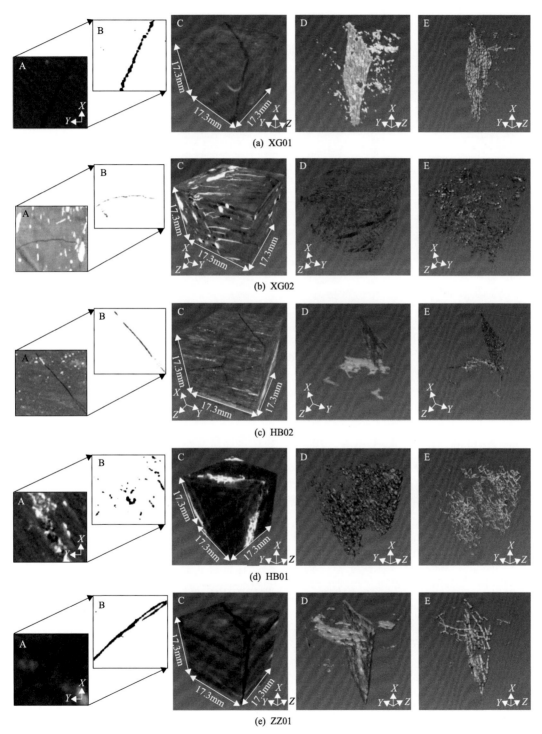

(a) XG01

(b) XG02

(c) HB02

(d) HB01

(e) ZZ01

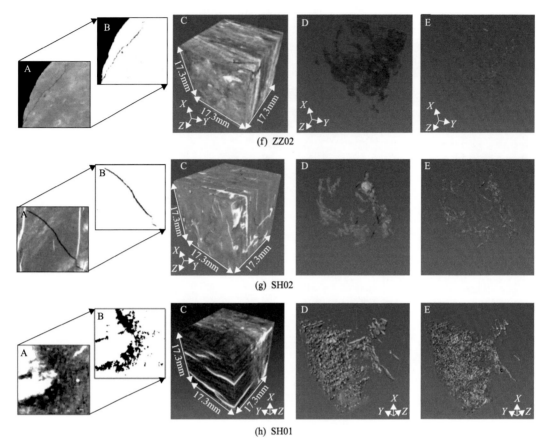

图 2-36　不同煤级煤中微裂隙和大孔的空间分布特征

A-重构的 XY 平面上的二维图像；B-图像的阈值分割，孔隙和裂隙(黑色)，其他物质(白色)；

C-重构的三维数据体；D-提取的孔裂隙空间的三维结构；E-孔喉骨架模型

（Gamson et al.，1993；唐书恒等，2008），并且是煤层气从小孔中扩散直至能够在割理中进行层流流动的关键桥梁(唐书恒等，2008)。

煤样 ZZ01 中可见发育有一个大的裂隙网络，这样连通性良好的微米尺度裂隙网络对气体的渗流是十分有利的，这一点可以从该煤样的较高渗透率值(0.149mD)上反映出来。煤样 ZZ02 中同样可见大量的微米尺度裂隙，然而这些裂隙之间连通性差，未形成大的裂隙网络，因此该煤样的渗透率低(0.013mD)，不利于煤层气的渗流。

同样地，煤样 SH02 中微米尺度裂隙之间的连通性也较差，该煤样的渗透率值也很低(0.081mD)，不利于煤层气的抽采。至于煤样 SH01，该煤样中没有大规模的微米尺度裂隙相互连通，但是可以观察到一些大孔与若干孤立裂隙相连通。尽管如此，该煤样的渗透率仍然较低，仅有 0.004mD，这种现象很可能是连通的微米尺度裂隙网络不发育造成的。

不同煤级煤中大孔和微米尺度裂隙的体积分布特征如图 2-37 所示。由图 2-37 可见，除了 XG02 和 HB01，其他煤样中的微米尺度裂隙的体积和百分比都远大于大孔。这一结果和上述三维可视化分析的结果一致。如前所述，煤样 XG02 和 HB01 中大孔比微米尺度裂隙发育，因此这两个煤样中大孔的体积要大于微米尺度裂隙的体积。

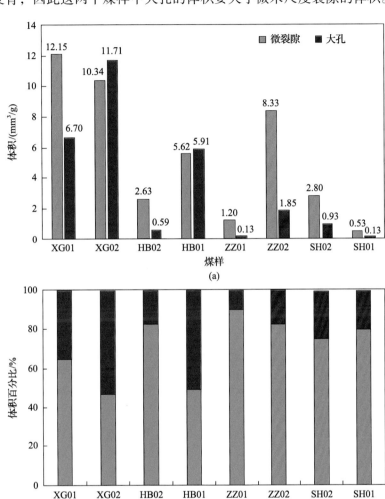

图 2-37　不同煤级煤的微裂隙和大孔的体积分布特征图

6. 微米尺度裂隙的影响因素

1) 煤级对微米尺度裂隙结构特征的影响

微米尺度裂隙的三维结构特征参数主要包括裂隙数量、长度、宽度、开度、体积和形状因子。这些参数是从每个扫描的柱状煤样中重构的立方体中（17.3mm×17.3mm×17.3mm）获取的。根据 ISO 11760-2018，煤可以分为低煤级烟煤（$R_{o,ran} < 1\%$）、中煤级烟煤（$1\% \leqslant R_{o,ran} < 2\%$）、高煤级烟煤和无烟煤（$2\% \leqslant R_{o,ran} < 6\%$）。

图 2-38 展示了微裂隙结构参数随煤级增加呈现的变化特征。如表 2-10 和图 2-38 所示，低煤级煤的最大微米尺度裂隙长度和平均长度分别超过 20mm 和 6mm。而中煤级煤的最大微米尺度裂隙长度和平均长度范围分别为 17~20mm 和 5~9mm。随着煤级的升

高，高煤级煤的最大微米尺度裂隙长度和平均长度呈下降趋势，无烟煤的最低。

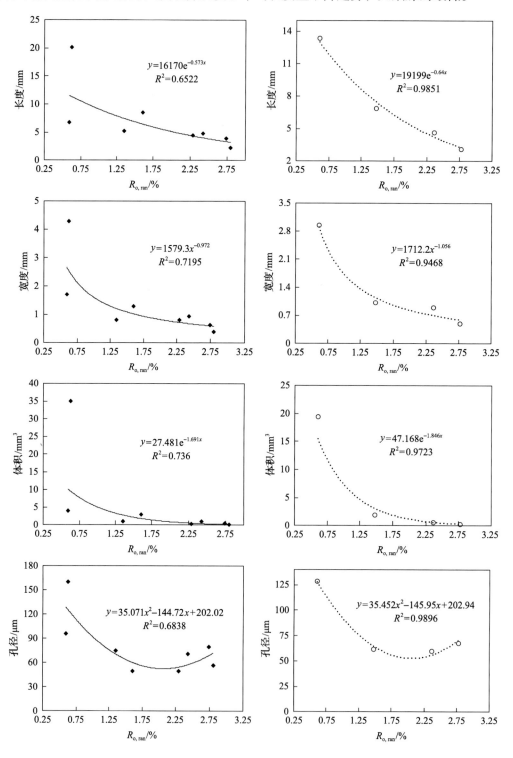

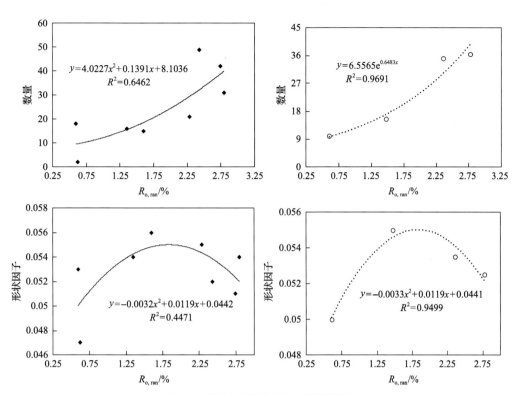

图 2-38　煤级对微裂隙结构参数的影响

实线为 8 个实验煤样的拟合曲线，虚线为同一煤级煤样的平均值的拟合曲线

表 2-10　不同煤级煤中微裂隙的三维结构特征

参数	XG01	XG02	HB02	HB01	ZZ01	ZZ02	SH02	SH01
微裂隙数量	18	2	16	15	21	49	42	31
最大长度/mm	20.4	20.2	17.8	19.7	13.7	14.7	11.3	8.9
最小长度/mm	2.9	20.0	2.7	3.7	1.0	1.6	1.8	0.7
平均长度/mm	6.8	20.1	5.3	8.5	4.5	4.8	4.0	2.3
最大宽度/mm	3.5	4.9	2.6	6.0	4.2	2.6	3.5	0.8
最小宽度/mm	0.6	3.7	0.4	0.5	0.2	0.3	0.2	0.1
平均宽度/mm	1.7	4.3	0.8	1.3	0.8	1.0	0.6	0.4
最大体积/mm³	40.5	42.7	6.4	21.4	4.4	12.4	3.1	0.8
最小体积/mm³	1.0	25.2	0.1	0.3	0.03	0.1	0.1	0.02
平均体积/mm³	4.4	34.0	1.2	2.6	0.4	1.3	0.5	0.1
平均开度/μm	96.5	160.4	74.5	49.5	50.0	70.6	79.8	56.7
平均形状因子	0.053	0.047	0.054	0.056	0.055	0.052	0.051	0.054

注：XG 为低煤级样品；HB 为中煤级样品；ZZ 和 SH 为高煤级样品。

在宽度方面，低煤级煤的微米尺度裂隙平均宽度最大，为 3.0mm，且普遍超过 1.5mm；

其次为中煤级煤，平均宽度为 1.1mm；高煤级煤的平均宽度小于 1mm；无烟煤微米尺度的平均宽度值最低，小于 0.4mm。此外，不同煤级煤在微米尺度裂隙体积方面也存在明显差异。其中，低煤级煤微米尺度裂隙的最大体积和平均体积分别超过 40mm^3 和 4mm^3；而中煤级煤的最大体积范围为 6.4～21.4mm^3，平均裂隙体积值为 1.9mm^3。随着煤级的进一步增加，高煤级煤微米尺度裂隙的最大体积和平均体积分别降至 4.4～12.4mm^3 和 0.9mm^3。至无烟煤阶段，微米尺度裂隙平均体积降至最低，体积值仅有 0.3mm^3。

在开度方面，实验煤样微米尺度裂隙的平均开度分布范围在 49.5μm 至 160.4μm 之间。其中，低煤级煤微米尺度裂隙的平均开度值最大，为 128.5μm，其次是无烟煤（68.3μm）、中煤级煤（62.0μm）和高煤级煤（60.3μm）。因此，从以上研究结果发现：随着煤级的增加，微米尺度裂隙的平均长度、宽度和体积逐渐减小，而其开度则先逐渐减小随后略微增加。

与此相反，微米尺度裂隙的平均数量却随着煤级的增加而逐渐增加，顺序依次为无烟煤（37 条）＞高煤级煤（35 条）＞中煤级煤（16 条）＞低煤级煤（10 条）。此外，微裂隙的平均形状因子数值分布在 0.047～0.056，表明微米尺度裂隙的截面形状主要是不规则三角形（形状因子为 0.048）或方形（形状因子为 0.063）。微米尺度裂隙的平均形状因子与煤级之间呈二次函数关系，随着煤级的增加，形状因子先增加后减小，反映出微米尺度裂隙的表面粗糙度随煤级的增大呈先减小后增大的趋势。

从图 2-38 中还可以看出，微米尺度裂隙的平均长度、平均宽度和平均体积随煤级的增大呈现的下降趋势可以分为三个阶段：快速下降阶段（0.59%＜$R_{o,ran}$≤1.25%）、缓慢下降阶段（1.25%＜$R_{o,ran}$≤2.25%）和稳定不变阶段（$R_{o,ran}$＞2.25%）。在煤化作用的早期阶段，煤中芳香层无序排列且芳香层的堆砌度小（Liu et al.，2017），此时煤中主要进行脱水作用和少量的脱挥发分作用，脱水和脱挥发分会使煤基质收缩从而形成裂隙（Ting，1977）。随着煤化作用的进行，在 0.59%＜$R_{o,ran}$≤1.25%这一阶段，第一次煤跃变（通常对应 R_o=0.65%）产生，此时煤中形成并排出大量气体（Bustin and Guo，1999），气体的大量形成和排出造成煤基质的强烈收缩，在内张力的作用下形成了大量微米尺度裂隙（Su et al.，2001）。与此同时，上覆岩层压力也在不断增加，这就造成了微米尺度裂隙的长度、宽度、开度和体积的快速减小。随着煤化作用的进一步增加，在中挥发分烟煤至低挥发分烟煤级段（1.25%＜R_o≤2.25%），第二次煤跃变产生（通常对应 R_o=1.30%），此时不同的官能团和侧链会从煤的大分子结构上脱落下来（Bustin and Guo，1999）。同样地，此时形成并释放的大量气体使得煤基质进一步收缩，从而形成更多的微米尺度裂隙。然而，不断增加的上覆岩层压力引起微米尺度裂隙的长度、宽度、开度和体积的进一步减小，只是此时减小的速率变缓。至高煤级烟煤和无烟煤级段（R_o＞2.25%），在不断增加的上覆岩层压力和胶合作用的影响下，微米尺度裂隙的长度、宽度和体积进一步减小（Su et al.，2001）。然而，在这一阶段中，微米尺度裂隙的平均开度值却有略微增加，这主要是由该阶段中形成的异常高的流体压力造成的（Xu and Mueller，2005）。此外，有效应力的增加在造成某一个方向上的裂隙开度减小的同时，又会引起其他方向上的微米尺度裂隙开度的增大（Gamson et al.，1993）。因此，这一阶段微裂隙的平均开度表现为略微增加的趋势。另外，这一阶段虽然生成的气体量较之前的阶段小，但是仍然可以促进微米尺度裂隙数量的增加。

为了便于对微米尺度裂隙进行分类，图 2-39 展示了微米尺度裂隙结构参数的频

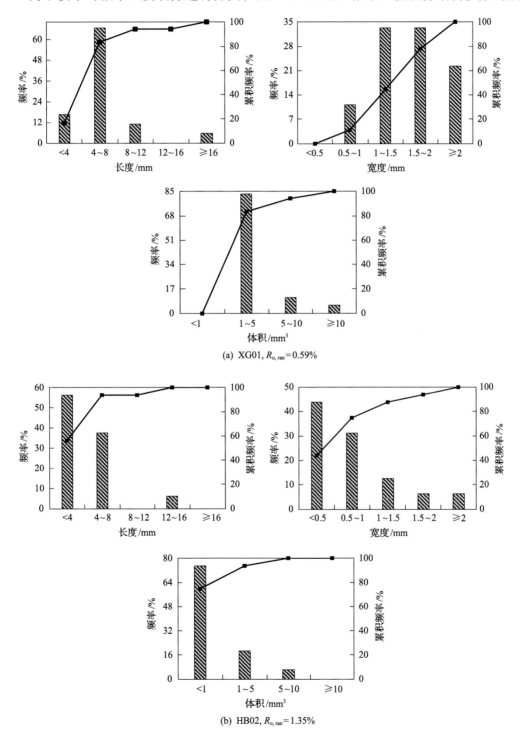

(a) XG01, $R_{o, ran}=0.59\%$

(b) HB02, $R_{o, ran}=1.35\%$

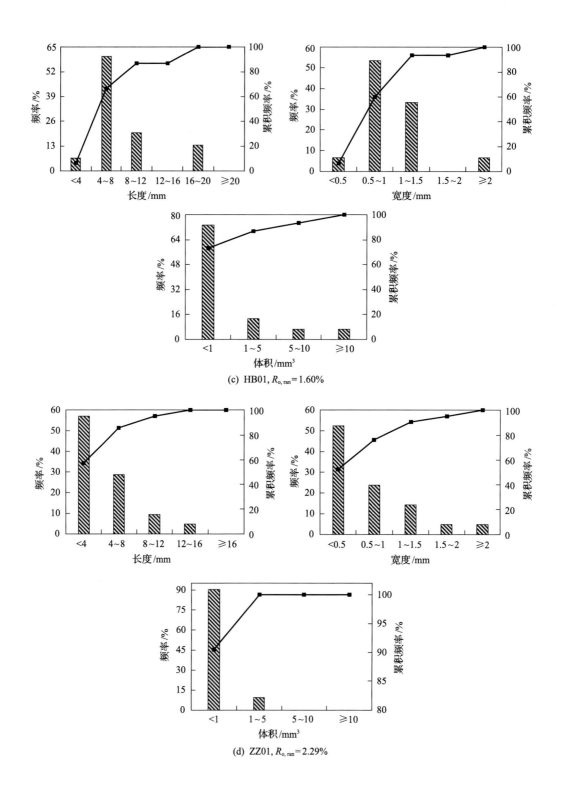

(c) HB01, $R_{o, ran}$=1.60%

(d) ZZ01, $R_{o, ran}$=2.29%

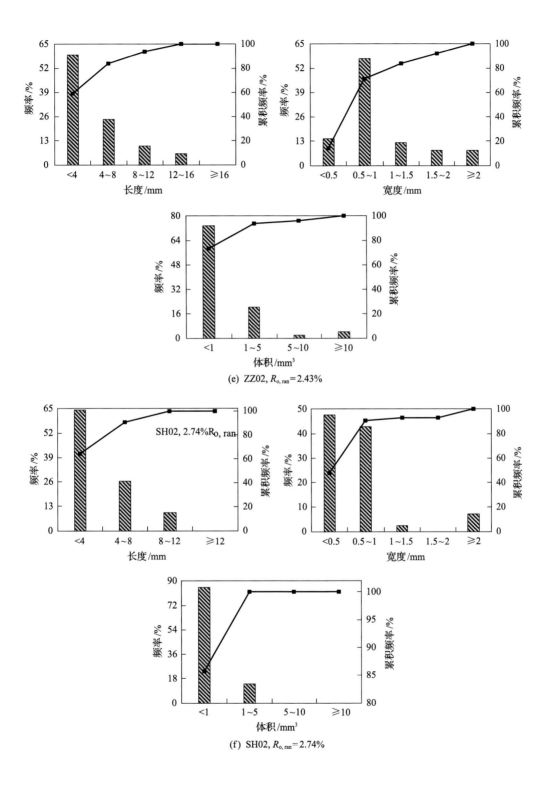

(e) ZZ02, $R_{o, ran}=2.43\%$

(f) SH02, $R_{o, ran}=2.74\%$

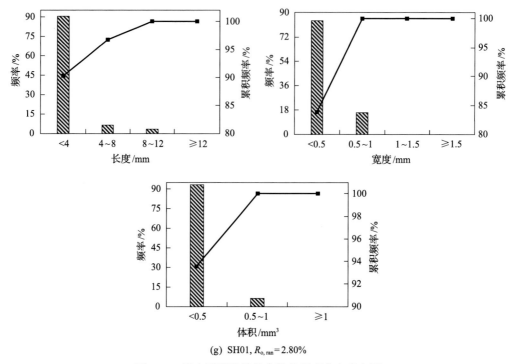

(g) SH01, $R_{o, ran}=2.80\%$

图 2-39　煤中微裂隙结构参数的频率分布直方图

率分布特征。由于煤样 XG02 中微米尺度裂隙不发育，因此该煤样不在分析之列。如图 2-39(a)所示，煤样 XG01 的微米尺度裂隙的长度、宽度和体积分别主要分布范围为 4~8mm、1~2mm 和 1~5mm³。然而，中煤级煤的微米尺度裂隙长度、宽度和体积分别小于 8mm、1mm 和 1mm³。以 HB02 为例，其微米尺度裂隙长度大部分都小于 4mm，占比为 56%。然而，HB01 的微米尺度裂隙长度和宽度则主要分布在 4~8mm 和 0.5~1mm，占比分别为 60% 和 53%。高煤级煤(ZZ01 和 ZZ02)的微米尺度裂隙长度大多都小于 4mm，且微米尺度裂隙的宽度和体积很少有超过 1.5mm 和 5mm³ 的。至于无烟煤，煤级的不断增加造成微裂隙结构的剧烈变化。以 SH02 为例，微米尺度裂隙长度、宽度和体积分别小于 4mm、0.5mm 和 1mm³ 的百分比为 64%、48% 和 86%，特别是 SH01，该煤样微裂隙的长度、宽度和体积分别小于 4mm、0.5mm 和 1mm³ 的百分比为 90%、84% 和 100%。根据 Chen 等(2015a)提出的分类方案，A 型微裂隙(开度≥5μm，长度＞10mm)、B 型微裂隙(宽度≥5μm，1mm＜长度≤10mm)、C 型微裂隙(宽度＜5μm，300μm＜长度≤1mm)和 D 型微裂隙(宽度＜5μm，长度≤300μm)，可以得出结论：在 CT 扫描分辨率(13μm)条件下，实验煤样中主要发育 B 型微裂隙，其次为 A 型微裂隙，而 C 型和 D 型微裂隙不发育。

2) 煤级对微米尺度裂隙分形维数的影响

煤是一种具有很强非均质性和结构复杂性的有机岩石，因此，用传统的欧几里得几何学方法来研究煤的孔隙结构变得十分困难(Wang et al., 2012)。然而，由 Mandelbrot 最先提出的分形理论为研究具有强烈非均质性的煤岩孔隙结构提供了科学方法

(Mahamud and Navo，2008；Peng et al.，2011；Li W et al.，2015)。分形维数(D)是反映煤中孔隙结构分维特征的一个重要参数，因为它可以提供分形物体结构复杂度和不规则程度方面的信息(Nakagawa et al.，2000；Mahamud et al.，2003；Bird et al.，2006；Wang et al.，2012；Li W et al.，2015；Fernández-Martínez and Sánchez-Granero，2016；Liu and Nie，2016；Zhou et al.，2016)。

　　分形维数通常是用来描述任何具有自相似性的高度无序系统的重要参数。根据分形维数的数学定义，分形维数实质上是分形行为的双对数比。物体的分形行为取决于两个关键参数，即尺度空隙度(P)和尺度覆盖率(F)(Smith et al.，1996；Wang et al.，2014)。空隙度可判别物体的非均质性，因此常用来描述分形物体的表面形态(Smith et al.，1996)。如果 P 固定，分形维数值越来越大时，说明裂隙对空间的覆盖度越高。如果 F 固定，分形维数值越来越大，说明 P 越来越小，反映裂隙的非均质性越来越强。Zhang 等(2017)指出，分形维数不仅能够描述分形物体的空间占有程度，还可以反映物体的粗糙度。Jiao 等(2014)认为，高度无序化的二维裂隙的分形维数值通常介于 1~2，并且越接近于 2，表明裂隙结构越复杂。

　　煤的分形维数反映的是煤内部孔隙结构的固有特征，并且与煤级关系密切(Yao et al.，2009b)。从图 2-40 中可以看出，实验煤样中微米尺度裂隙的分形维数分布范围为 1.64~1.78。实验煤样的分形维数值随着煤级的增加而增加，且对应 $R_{o,ran}$ 范围在 1.25%~2.80%的分形维数变化规律与前人研究结果一致(Yao et al.，2009b)。然而，对应 $R_{o,ran}$ 范围在 0.59%~1.25%的分形维数变化规律却与前人研究结果存在差异，这很可能与本章研究的数据量有限有关。

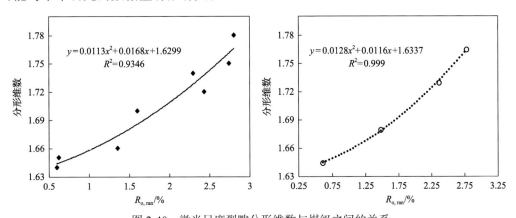

图 2-40　微米尺度裂隙分形维数与煤级之间的关系

实线为 8 个实验煤样的拟合曲线，虚线为同一煤级煤样的平均值的拟合曲线

　　煤级对分形维数的影响与煤化作用过程中微米尺度裂隙的结构变化有关(Yao et al.，2009)。当镜质组反射率为 0.6%~1.2%时，煤大分子结构主要由脂肪族官能团及其侧链组成(Han，1996)。随着煤级的增加，富氢侧链和各种官能团从煤大分子结构上脱落，煤中产生大量的挥发分(Kopp et al.，2000)。这一系列物理化学作用，加之不断增加的上覆岩层压力的共同作用，使得煤中微米尺度裂隙的数量不断增加，但长度、宽度、开度和体积不断减小。裂隙性质的变化使得微米尺度裂隙的结构变得更加复杂，因此，

导致分形维数的不断增加(图 2-41)。

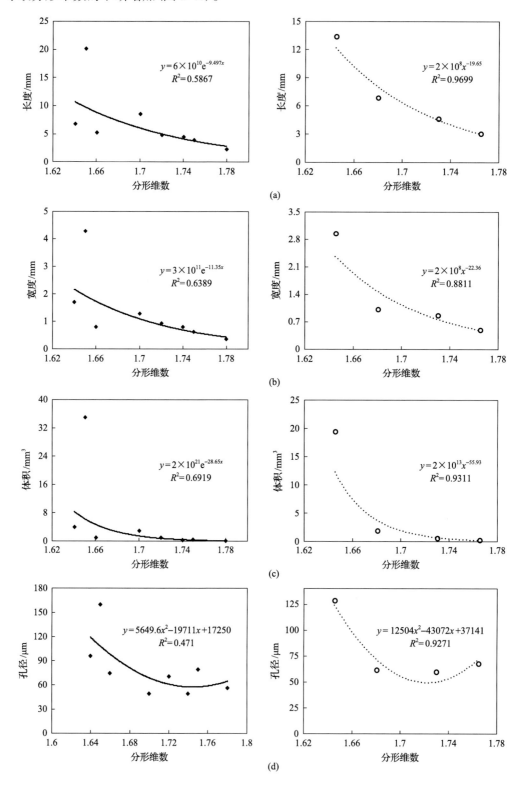

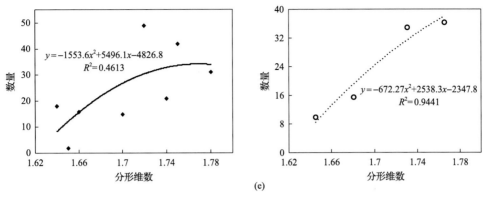

图 2-41　分形维数与微米尺度裂隙结构参数之间的关系图

实线为 8 个实验煤样的拟合曲线，虚线为同一煤级煤样的平均值的拟合曲线

当镜质组反射率为 1.2%～2.25%时，第二次煤化跃变作用发生，在第二次到第三次煤化跃变作用的过渡期分形维数会增加(Han，1996)。随着煤级的进一步升高，大量的富氢官能团开始从煤大分子芳香核中脱落下来(Pan et al.，2015)，因此大量生成如煤层气等挥发分物质。在煤基质收缩作用和上覆岩层压力的共同作用下，微米尺度裂隙的数量不断增加，但长度、宽度、开度和体积进一步减小。这些微米尺度裂隙结构特征的变化使得这一阶段的煤的分形维数变得更高(图 2-41)。

当镜质组反射率为 2.25%～3%时，即低挥发分烟煤至无烟煤阶段，为煤化作用的第三次跃变至第四次跃变的过渡阶段(Han，1996)。在这一阶段中，芳香环的缩合程度增加，芳香层的间距缩短，煤基质变得更加紧密(Pan et al.，2015)。尽管这一阶段生成的煤层气的量不高，但仍可以促进微米尺度裂隙的形成。此外，该阶段产生的胶合作用也会造成微裂隙长度、宽度和体积的减小(Su et al.，2001)，微米尺度裂隙的结构变得越来越复杂，形态变得越来越不规则，同时分形维数值变得越来越高。煤级与分形维数之间的关系表明煤级对煤的分形维数具有重要的影响作用。

2.4　纳米尺度裂隙特征

煤储层中发育多种尺度的微裂隙结构，不仅发育微米尺度的裂隙，也发育纳米尺度的裂隙，这些微裂隙为煤层气的运移提供了重要的渗流通道，同时对提高煤储层渗透性具有重要意义(Gamson et al.，1993；Heriawan and Koike，2015)。受限于微米 CT 仪器的分辨率，为了对煤中纳米尺度裂隙进行精细定量化表征，同时为了探究煤级对纳米尺度孔裂隙结构特征的影响，需要借助于具有更高分辨率的纳米 CT 扫描技术。纳米 CT 扫描技术可实现样品原始状态下的无损三维成像，确定地质储层中孔裂隙大小、分布和连通性(孙亮等，2016)。只有深化研究微观孔裂隙结构特征，才能更准确地描述和分析微观孔裂隙结构中的流体分布及流动状态等，为非常规储层微观-纳观储集空间的定量表征与三维重构的顺利开展提供有利的研究条件，为进一步进行流体渗流模拟提供技术支持(孙亮等，2016)。

2.4.1 纳米 CT 扫描原理

纳米 CT 与微米 CT 扫描原理基本相同，不同之处是纳米 CT 的光源是平行光，旋转角度为 180°（图 2-42）。纳米 CT 的 X 射线在到达样品之前会经过一个光路校准器，从而将发散的锥形 X 射线压缩、校准成平行光路，扫描过程中样品台带动样品进行 180° 旋转，平行的 X 射线在穿透样品以后到达物镜，并进行光学放大，物镜中光感粒子将 X 射线转换成可见光信号传输到接收器，接收器将光信号转换成电信号进而输出。通过探测器接收衰减后能量图像（吸收衬度成像和相位衬度成像），利用 X 射线衰减图像重构出三维立体模型。

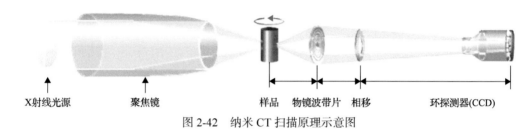

X射线光源　　　　　聚焦镜　　　　　　　样品　物镜波带片　相移　　　　　环探测器(CCD)

图 2-42　纳米 CT 扫描原理示意图

2.4.2 纳米尺度裂隙实验方法及步骤

本节纳米 CT 扫描实验选取了三个煤样进行实验，分别为河南鹤壁四矿的 HB02、山西寺河矿的 SH02 和山西赵庄矿的 ZZ02。首先利用激光制样设备在 25mm 柱状岩心样品上切割出直径为 65μm 的小柱塞，然后将小柱塞固定在样品台上以备扫描。纳米 CT 测试仪器为德国 ZEISS Xradia 公司产的 Ultra-XRM-L200 型纳米 CT 扫描仪（图 2-43），

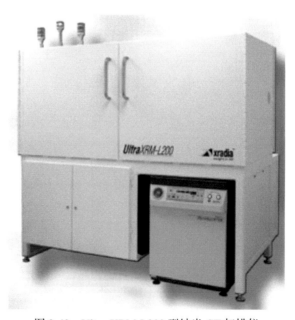

图 2-43　Ultra-XRM-L200 型纳米 CT 扫描仪

实验设备包括立体 X 射线显微镜、牛津微观制样系统和 Avizo 操作软件。测试条件为：电压 35kV，功率 0.88W，温度 25℃，曝光时间 80s。每个样品累计扫描图像 1020 张，分辨率为 65nm。

通过纳米 CT 扫描得到的煤的二维切片也是比较模糊的和含有噪声的，因此，为了后续更好地分析纳米尺度裂隙和孔隙的结构特征，同样需要进行一系列的图像处理。和微米 CT 一样，数字图像处理也是利用 ImageJ 和 Avizo 软件对二维 CT 切片进行灰度调节、滤波、三维重构和阈值分割等相关处理。

1. 灰度调节

以样品 HB02 为例，首先运用 ImageJ 软件对得到的二维切片图进行灰度调节（图 2-44）。经过灰度调节后，在 CT 二维切片图上可以容易分辨出三类物质，其中灰色代表煤基质，亮白色代表矿物质，而深黑色代表孔裂隙（图 2-37）。为了消除伪影，紧接着要对切片图进行滤波处理。

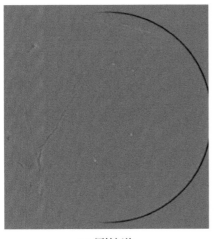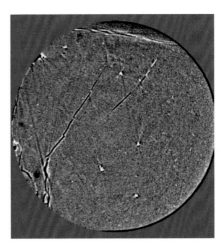

(a) 原始切片   (b) 调灰度后切片

图 2-44　切片灰度处理效果图

2. 滤波处理

在 2.3.3 节第 3 部分"图像处理"讨论中可以发现，中值滤波法效果最好，因此，对纳米 CT 扫描的二维切片图也是在 ImageJ 软件中采用中值滤波方法进行平滑降噪。滤波前后效果如图 2-45 所示。

3. 图像三维重构

将煤样 HB02 经过滤波处理后的 1020 张二维切片图导入 Avizo 中进行三维可视化。由于计算机内存和 CPU 的限制，在三维重构之前，需要首先运用 ImageJ 中的 TransformJ 插件对切片图进行裁剪操作。为了得到既能充分反映煤岩内部孔隙结构又能兼顾计算机处理能力的数据体，从切片图中切出了最大内接正方体，大小为 41μm×41μm×41μm

（图 2-46）。

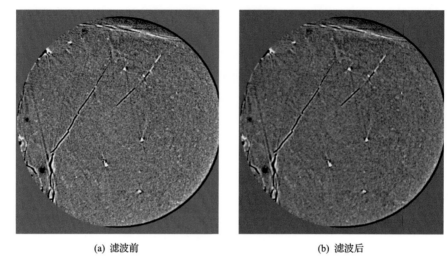

(a) 滤波前　　　　　　　　　　　　　　　(b) 滤波后

图 2-45　切片滤波处理效果图

0　　　　　　　　　　　　　　　　　　50μm

图 2-46　三维重构数据体

4. 阈值分割

如同微米 CT 扫描图像的阈值分割，在 Avizo 中运用分水岭算法对纳米 CT 重构出的三维数据体进行阈值分割，得到的分割结果如图 2-47 所示。其中，蓝色代表煤基质，白色代表矿物质，红色代表数据体中所有的纳米尺度裂隙和孔隙。

由于该节内容主要关注的是煤中的孔隙结构，因此，接下来需要继续在 Avizo 中将红色的孔隙部分单独提取出来，提取出来的孔隙的三维结构如图 2-48 所示。

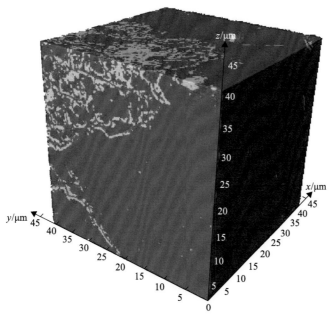

图 2-47　阈值分割结果

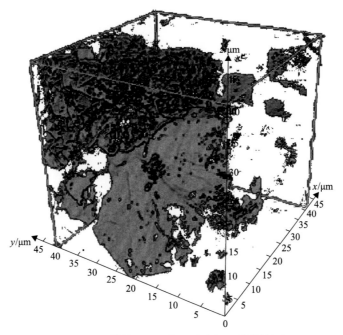

图 2-48　煤样 HB02 中孔裂隙的三维结构图

5. 连通域检测

连通性评价是多孔介质孔隙空间形态学研究的重要内容，可为孔隙网络模型提供量化参数，并应用到渗透性分析中(邹才能等，2012；孙亮等，2016)。利用种子填充法可以检测出数字模型中所有的孔隙连通域(孙亮等，2016)。其原理是以任意一个孔隙像素为种子，将每个像素与其他像素之间的连通关系检测出来，并将彼此连通但又与其他像素不连通的一组像素标记为一个连通域，然后对这些连通域进行几何分析与归类(孙亮等，2016)。孔隙连通域对分析岩石的微观孔隙结构具有非常重要的作用。本研究采用 26 连通，对提取出的孔隙网络进行连通性检测，结果如图 2-49 所示。其中相同颜色部分为连通部分，不同颜色部分代表不连通。

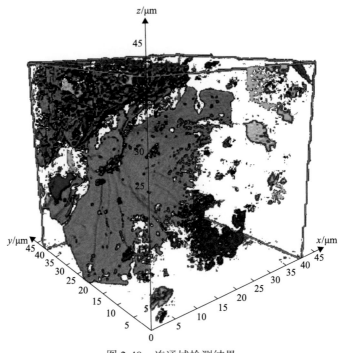

图 2-49　连通域检测结果

2.4.3　纳米尺度裂隙发育特征

1. 纳米尺度裂隙二维分布特征

实验煤样在纳米尺度范围内也存在强烈的非均质性。从煤样 HB02 的 6 张典型二维切片图(图 2-50)中可以直观看出，每张切片图中微裂隙、孔隙和矿物质的数量及分布都不相同，该煤样内部孔隙结构具有显著的非均质性。不仅该煤样如此，在其他煤样的切片图中也可以见到这种现象。

此外，从图 2-51 中还可以发现，实验煤样中纳米尺度孔裂隙特征与其微米尺度孔裂隙特征不同。纳米 CT 扫描切片图显示，煤样 HB02 中纳米尺度裂隙非常发育，且这些裂隙都聚集在矿物周围，彼此之间相互连通。这些裂隙形态不规则，多呈细线条形状或弯曲形状，优势方向不明显。这些裂隙除了相互之间连通，有的还与矿物中的纳米孔相互连通。此外，这些裂隙很少被矿物充填，表明这些裂隙能够对气体的渗流发挥重要作用[图 2-51(a)]。而在其微米 CT 扫描切片中可以看到，煤样 HB02 中微米尺度裂隙也较发育，这些裂隙平直呈细条带状且延伸较远，裂隙之间连通性较好，且未被矿物充填，因此该煤样有利于煤层气的开采。此外，在该煤样中可见少量的圆形大孔，这些大孔呈孤立状产出，彼此之间互不连通[图 2-51(b)]。煤样 ZZ02 的纳米 CT 扫描切片图显示，该煤样中纳米尺度裂隙不发育，而孔隙较发育[图 2-51(c)]，其微米 CT 扫描切片显示，该煤样中可见微米尺度的裂隙发育，然而这些裂隙之间连通性差，未形成大的裂隙网络[图 2-51(d)]，这可能是造成该煤样的渗透率低的原因。在煤样

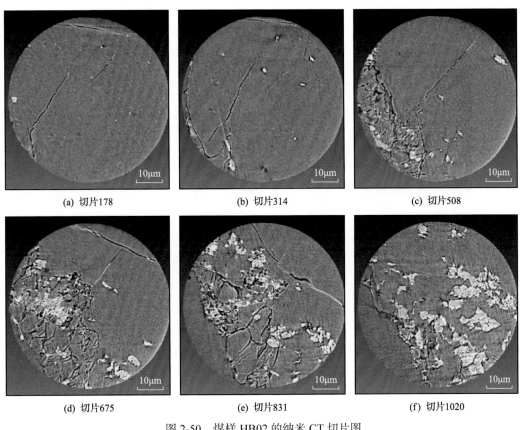

(a) 切片178　　　　　　　(b) 切片314　　　　　　　(c) 切片508

(d) 切片675　　　　　　　(e) 切片831　　　　　　　(f) 切片1020

图 2-50　煤样 HB02 的纳米 CT 切片图

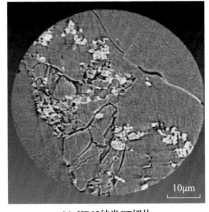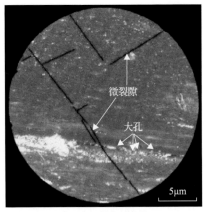

(a) HB02纳米CT切片　　　　　　　　(b) HB02微米CT切片

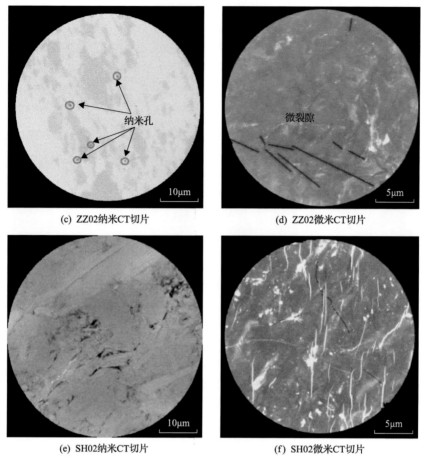

(c) ZZ02纳米CT切片   (d) ZZ02微米CT切片

(e) SH02纳米CT切片   (f) SH02微米CT切片

图 2-51　实验煤样的纳米 CT 切片与微米 CT 切片对比

SH02 的纳米 CT 扫描切片中可以看到，该煤样中纳米尺度裂隙不发育，但是孔隙非常发育[图 2-51(e)]，这些孔的形态不规则，有的呈圆形，有的呈三角形，孔隙之间互不连通，这些孔为煤层气提供了良好的储集空间。在其微米 CT 扫描切片中可以看到，该煤样中大孔不发育，可见微米尺度裂隙，但微米尺度裂隙之间的连通性也不好[图 2-51(f)]，因此，该煤样不利于煤层气的渗流。

2. 纳米尺度裂隙的三维结构特征

1)纳米尺度裂隙结构特征

从上述切片分析中可知，实验煤样中只有 HB02 中纳米尺度裂隙发育，因此，在 Avizo 中对其纳米尺度裂隙进行提取，结果如图 2-52 所示。从图 2-52(a)中可以看出，煤样 HB02 中纳米尺度裂隙之间的连通性非常好，形成非常大的纳米尺度裂隙网络，为煤层气在煤储层中的渗流提供了非常有利的通道。对提取的孔隙空间，采用最大球算法进行填充，拓扑运算后获得孔隙空间的孔喉分布，即可得到其孔隙网络模型。图 2-52(b)为纳米尺度裂隙网络的球棍模型，可以看出纳米尺度裂隙内部结构非常复杂，球体大小不一，且每个小球都与若干个喉道相连通。

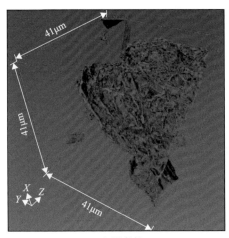
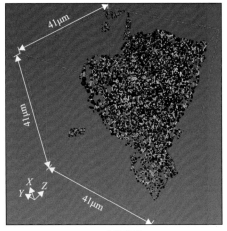

(a) 网络结构   (b) 球棍模型

图 2-52 煤样 HB02 纳米尺度裂隙的三维结构图

对纳米尺度裂隙进行定量分析的结果见表 2-11。裂隙的三维结构特征参数主要包括裂隙的数量、长度、宽度、开度、体积和形状因子等。这些参数是从重构的立方体中($41\mu m \times 41\mu m \times 41\mu m$)获取的。煤样 HB02 的纳米 CT 扫描结果显示：该煤样中共发育有 11 条纳米尺度裂隙，占总体积的 2.10%。这些裂隙的长度分布在 4.6~50.4μm，平均长度值为 12.0μm；宽度分布在 1.7~31.1μm，平均值为 5.0μm；体积分布在 5.0×10^9~1.3×10^{12}nm^3，平均值为 1.3×10^{11}nm^3；开度分布在 10~1000nm，平均开度值为 355nm；纳米尺度裂隙的形状因子最小值为 0.021，最大值为 0.078，平均值为 0.052，反映出纳米尺度裂隙形态复杂，其横截面的形状以三角形为主。

表 2-11 煤样 HB02 中纳米尺度裂隙的结构特征

类型	纳米尺度裂隙结构参数				
	长度/μm	宽度/μm	体积/nm^3	开度/nm	形状因子
最大值	50.4	31.1	1.3×10^{12}	1000	0.078
最小值	4.6	1.7	5.0×10^9	10	0.021
平均值	12.0	5.0	1.3×10^{11}	355	0.052

为了便于对这些裂隙进行分类，图 2-53 展示了纳米尺度裂隙结构参数的频率分布直方图。

从图 2-53 中可以看到，纳米尺度裂隙长度主要分布在 5~10μm 的范围内，占比达到 54.55%；长度小于 5μm 和长度为 10~20μm 的裂隙数量一样多，占比均为 18.18%；长度在 20~50μm 范围内的裂隙不发育；长度达到 50μm 及以上的裂隙占比为 9.09%。

纳米尺度裂隙开度主要分布在 200~400nm 的区间范围内，所占百分比为 63.26%，其次为 400~600nm 的区间范围，占比为 21.27%，开度小于 200nm 和大于 600nm 的裂隙数量比较少，所占百分比分别为 11.07%和 4.4%。

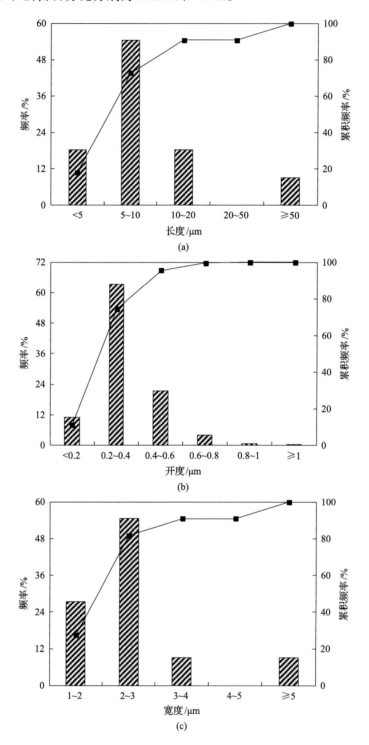

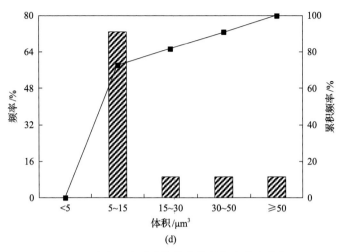

图 2-53　纳米尺度裂隙结构参数的频率分布直方图

　　纳米尺度裂隙宽度主要分布在 2～3μm 范围内, 占比为 54.55%; 其次为分布在 1～2μm 范围内的裂隙, 占比为 27.27%; 宽度在 3～4μm 和大于 5μm 的裂隙数量很少, 占比均为 9.09%; 而宽度在 4～5μm 范围内的裂隙不发育。

　　纳米尺度裂隙体积主要分布在 5～15μm³ 范围内, 所占百分比为 72.73%; 体积小于 5μm³ 的裂隙不发育; 体积大于 15μm³ 的裂隙数量不多, 占比为 27.27%。因此, 根据 Chen 等 (2015a) 提出的微裂隙的分类方案, 可以看出, 在纳米尺度上, 煤样 HB02 主要发育 D 型微裂隙, 而 C 型、B 型和 A 型微裂隙不发育。

　　2) 纳米尺度孔隙结构特征

　　图 2-54 显示的是不同煤级煤在纳米 CT 扫描尺度下孔隙的空间分布特征。

　　从图 2-54 中可以看到, 煤样 SH02 ($R_{o,ran}$=2.74%) 中的孔隙最为发育, 其次为煤样 HB02 ($R_{o,ran}$=1.35%), 煤样 ZZ02 ($R_{o,ran}$=2.43%) 中的孔隙数量最少。球棍模型图显示,

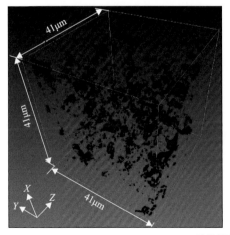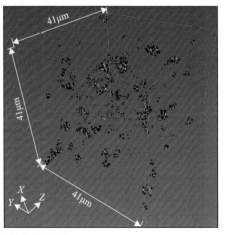

(a) HB02纳米尺度孔及其球棍模型

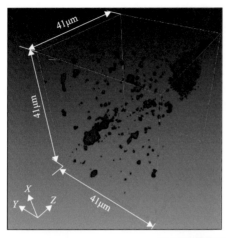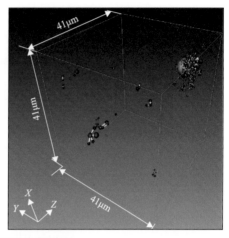

(b) ZZ02纳米尺度孔及其球棍模型

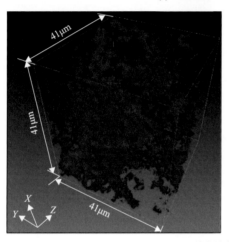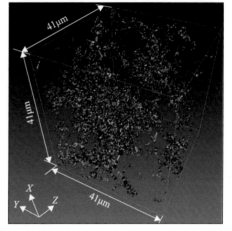

(c) SH02纳米尺度孔及其球棍模型

图 2-54　不同煤级煤中纳米尺度孔隙的空间分布图

煤样 HB02 和 ZZ02 中孔隙的连通性不好，煤样 SH02 中孔隙的拓扑关系复杂，孔隙之间相互连通。孔隙的定量分析结果统计在表 2-12 中。

从表 2-12 中可以看出，煤样 HB02 中一共发育有 974 个孔和 889 个喉道，所占体积百分比为 0.33%。其中孔隙的最大孔径为 914nm，最小孔径为 16nm，平均孔径为 364nm；孔隙的最大体积为 $1.7 \times 10^9 nm^3$，最小体积为 $6.5 \times 10^7 nm^3$，平均为 $1.9 \times 10^8 nm^3$；孔隙的平均形状因子为 0.055，表明该煤样中孔隙的横截面形状复杂，为三角形或正方形。喉道特征方面，煤样 HB02 中喉道的长度分布在 36～1132nm，平均长度为 259nm；喉道的最大体积为 $6.2 \times 10^8 nm^3$，最小体积为 $1.7 \times 10^6 nm^3$，平均为 $4.8 \times 10^7 nm^3$；喉道的平均形状因子(0.048)表明，该煤样中喉道的横截面主要为三角形。孔喉之间的配位数表明，该煤样中孔隙之间的连通性复杂，有的孔最多能与 16 个喉道相连通，有的孔仅能与一个喉道相连通，大多数孔能够与两个喉道相连通。

表 2-12　不同煤级煤中纳米尺度孔的结构参数

参数	样品		
	HB02	ZZ02	SH02
孔隙体积百分比/%	0.33	0.65	2.72
孔隙数量	974	514	9462
最大孔径/nm	914	5357	1487
最小孔径/nm	16	27	13
平均孔径/nm	364	346	326
最大孔体积/nm^3	1.7×10^9	1.7×10^{11}	6.1×10^9
最小孔体积/nm^3	6.5×10^7	1.6×10^8	1.3×10^7
平均孔体积/nm^3	1.9×10^8	7.0×10^8	1.4×10^8
平均孔形状因子	0.055	0.055	0.054
喉道数量	889	548	11612
最大喉道长度/nm	1132	1610	2350
最小喉道长度/nm	36	36	36
平均喉道长度/nm	259	244	270
最大喉道体积/nm^3	6.2×10^8	1.7×10^{10}	3.6×10^9
最小喉道体积/nm^3	1.7×10^6	1.4×10^6	2.8×10^5
平均喉道体积/nm^3	4.8×10^7	1.6×10^8	4.6×10^7
平均喉道形状因子	0.048	0.047	0.047
最大配位数	16	16	16
最小配位数	1	1	1
平均配位数	2	2	2

　　煤样 ZZ02 中一共发育有 514 个孔和 548 个喉道，所占体积百分比为 0.65%。其中孔隙的最大孔径为 5357nm，最小孔径为 27nm，平均孔径为 346nm；孔隙的最大体积为 1.7×10^{11}nm^3，最小体积为 1.6×10^8nm^3，平均为 7×10^8nm^3；该样品中孔隙的平均形状因子(0.055)表明，该煤样中孔隙的横截面形状也非常复杂，为三角形或正方形。喉道特征方面，煤样 ZZ02 中喉道的长度分布在 36～1610nm，平均长度为 244nm；喉道的体积分布在 1.4×10^6～1.7×10^{10}nm^3，平均为 1.6×10^8nm^3；喉道的平均形状因子为 0.047，表明该煤样中喉道的横截面也主要为三角形。其孔喉之间的配位数特征与煤样 HB02 相同，配位数最大值为 16，最小值为 1，平均值为 2，反映该煤样中孔隙之间的连通性复杂。

　　煤样 SH02 中孔隙的数量最多，一共发育有 9462 个孔和 11612 个喉道，所占体积百分比为 2.72%。其中孔隙的最大孔径为 1487nm,最小孔径为 13nm,平均孔径为 326nm;孔隙的最大体积为 $6.1\times10^9nm^3$,最小体积为 $1.3\times10^7nm^3$,平均为 $1.4\times10^8nm^3$;孔隙的平均形状因子(0.054)表明,该煤样中纳米孔的横截面形状主要为三角形。喉道特征方面,煤样 SH02 中喉道的长度分布在 36~2350nm,平均长度为 270nm;喉道的体积分布在 $2.8\times10^5\sim3.6\times10^9nm^3$,平均为 $4.6\times10^7nm^3$;喉道的平均形状因子(0.047)表明,该煤样中喉道的横截面也主要为三角形。其孔喉之间的配位数特征与其他煤样相同,配位数最大值为 16,最小值为 1,平均值为 2,反映该煤样中孔隙之间的连通性复杂。

Hodot(1966)根据煤的力学性质和渗透性质,将煤中的孔隙分为微孔(<10nm)、过渡孔(10~100nm)、中孔(100~1000nm)和大孔(>1000nm)。根据这一分类,可以发现,在纳米 CT 扫描实验中,实验煤样中发育的孔隙主要为中孔,另外发育有少量的过渡孔和大孔,观察不到微孔是受限于纳米 CT 仪器的分辨率(65nm)。

实验煤样中孔隙的具体分类结果统计在表 2-13 中。从表 2-13 中可以看出,在纳米 CT 扫描尺度下,中煤级煤 HB02 中发育 6 个过渡孔和 968 个中孔,大孔不发育。其中,过渡孔总体积为 $4.0\times10^8nm^3$,平均形状因子为 0.064,平均配位数为 2;过渡孔的形状因子反映其横截面主要为正方形。该煤样的中孔总体积为 $1.8\times10^{11}nm^3$,平均形状因子为 0.054,平均配位数也为 2,因此该煤样的中孔和过渡孔与喉道的连通能力差别不大。中孔的形状因子反映出其横截面主要为三角形。

表 2-13 不同煤级煤中孔隙的分类特征

样品编号	镜质组反射率/%	孔径大小/nm	个数	总体积/nm³	平均形状因子	平均配位数
HB02	1.35	<10	0	0	—	—
		10~100	6	4.0×10^8	0.064	2
		100~1000	968	1.8×10^{11}	0.054	2
		>1000	0	0	—	—
ZZ02	2.43	<10	0	0	—	—
		10~100	7	1.2×10^9	0.060	2
		100~1000	490	1.2×10^{11}	0.055	2
		>1000	17	2.3×10^{11}	0.046	4
SH02	2.74	<10	0	0	—	—
		10~100	223	3.9×10^9	0.058	2
		100~1000	9192	1.2×10^{12}	0.054	2
		>1000	47	1.1×10^{11}	0.044	6

高煤级煤 ZZ02 中共发育 7 个过渡孔、490 个中孔和 17 个大孔。其中,过渡孔总

体积为 $1.2 \times 10^9 \mathrm{nm}^3$，平均形状因子为 0.060，平均配位数为 2。过渡孔的形状因子反映其横截面主要为正方形。该煤样的中孔总体积为 $1.2 \times 10^{11} \mathrm{nm}^3$，平均形状因子为 0.055，平均配位数也为 2，因此该煤样的中孔和过渡孔与喉道的连通能力差别不大。中孔的形状因子反映其横截面开始从正方形向三角形过渡。ZZ02 中大孔的总体积为 $2.3 \times 10^{11} \mathrm{nm}^3$，虽然大孔数量很少，但其体积远大于中孔和微孔，因此是孔隙度的主要贡献者。大孔的平均形状因子为 0.046，平均配位数为 4，反映出大孔与喉道的连通能力是最好的，且大孔的横截面形状主要为三角形。

无烟煤 SH02 中共发育 223 个过渡孔、9192 个中孔和 47 个大孔。其中，过渡孔总体积为 $3.9 \times 10^9 \mathrm{nm}^3$，平均形状因子为 0.058，平均配位数为 2。过渡孔的形状因子反映其横截面主要为正方形。该煤样的中孔总体积为 $1.2 \times 10^{12} \mathrm{nm}^3$，平均形状因子为 0.054，平均配位数也为 2，因此该煤样的中孔和过渡孔与喉道的连通能力差别也不大。中孔的形状因子反映其横截面为三角形。SH02 中大孔的总体积为 $1.1 \times 10^{11} \mathrm{nm}^3$，由于中孔数量居于绝对优势，因此中孔体积远大于微孔和大孔，是该煤样中孔隙度的主要贡献者。大孔的平均形状因子为 0.044，平均配位数为 6，反映大孔与喉道的连通能力是最好的，且大孔的横截面形状主要为三角形。

图 2-55 为实验煤样中过渡孔与煤级之间的关系。从该图可以看出，随着煤级的增加，过渡孔体积呈现逐渐增大的趋势，说明随着煤级的升高，过渡孔数量越来越多。过渡孔的这一变化规律是由煤跃变作用造成的。第二次煤化作用的跃变点在 $R_{\mathrm{o,ran}} = 1.30\%$ 处，在这一阶段，煤大分子结构上的侧链发生断裂，各种官能团逐渐脱落，在这一过程中形成了大量的甲烷气体，气体的逸出导致煤基质收缩，从而形成了各种孔隙。在上覆岩层压力的作用下，大孔和纳米尺度裂隙会被压紧，体积变小，大孔会变成中孔甚至过渡孔，裂隙开度逐渐减小，甚至会被压闭合。随着煤级的升高，煤化作用不断进行，上覆岩层压力不断增加，大孔和纳米尺度裂隙受影响最大，体积逐渐减小，而过渡孔受压力影响有限，过渡孔数量呈现增大趋势。

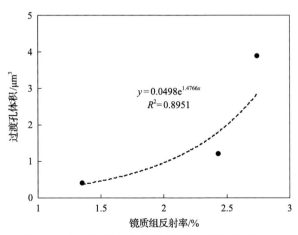

图 2-55　过渡孔体积与煤级(镜质组反射率)的关系

3) 纳米尺度裂隙网络的连通性特征

连通孔隙网络决定了煤储层的渗透性大小，进而影响了煤层气的产量(Wang et al.,
2015)。在 Avizo 中对提取出来的纳米尺度孔、裂隙网络进行连通性分析，结果如图 2-56
所示，其中蓝色部分为数据体中所有的孔隙和纳米尺度裂隙[图 2-56(a)]，红色部分为
连通的孔隙空间[图 2-56(b)]，可以直观看出，该连通空间主要由纳米尺度裂隙网络组
成。对连通裂隙网络用球棍模型进行填充，结果显示连通孔隙率为 1.96%，其中共有
4945 个孔和 7194 个喉道。

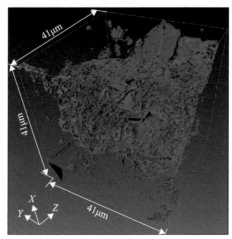 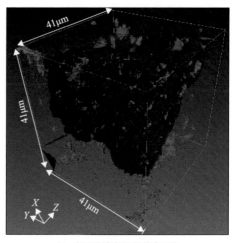

(a) 孔裂隙网络　　　　　　　　　　　　　　(b) 连通的纳米尺度裂隙网络

图 2-56　纳米尺度孔裂隙网络的连通性分析结果

孔裂隙网络定量分析的具体结果展示在图 2-57 中，从该图中可以看出，连通孔
径主要分布在 200~700nm，峰值在 300~400nm 范围内[图 2-57(a)]。300~400nm

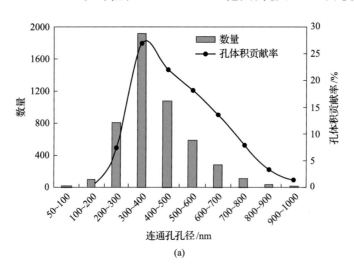

(a)

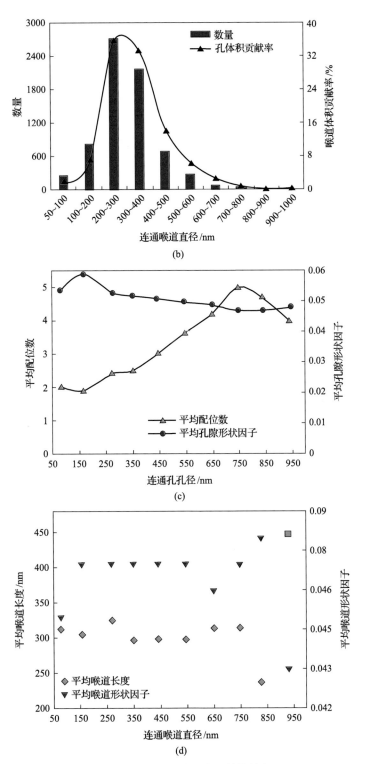

图 2-57　连通裂隙网络的结构特征

范围内的连通孔数量最多，达到 1907 个，该范围内孔对体积的贡献率最大，占比为 26.59%；其次为 400~500nm 范围内的连通孔，数量为 1076 个，体积占比为 22.16%。配位数分析结果[图 2-57(c)]显示，连通孔的平均配位数为 2~5，且配位数随着孔径的增加而增大，尤其是孔径大于 500nm 的孔，其平均配位数都在 3 以上，这一现象说明孔径越大，渗透性越好。连通孔的形状因子特征[图 2-57(c)]显示，其主要分布在 0.047~0.059，平均为 0.051，反映这些孔的截面形状主要为三角形。此外还可以看到，与配位数相反，连通孔的形状因子随着孔径的增加，总体呈现下降趋势。由于形状因子能够反映孔隙表面的粗糙度，即形状因子越大，孔隙表面越光滑(Hemes et al., 2015)，因此，可以得出结论，越大的孔粗糙度越大。这一现象也在 Jiao 等(2014)的研究工作中得到了证实。

连通喉道的定量特征显示，其分布范围较连通孔的分布范围更窄，主要分布在 100~500nm 范围内[图 2-57(b)]。其中直径为 200~300nm 的喉道发育最多，数量为 2733 个，且这一范围内的喉道对体积的贡献最大，所占百分比为 35.59%；其次为直径在 300~400nm 的喉道，这一范围内喉道的数量为 2161 个，体积占比为 28.14%。连通喉道的长度主要分布在 297~449nm，喉道长度与喉道大小之间没有明显的相关性[图 2-57(d)]。连通喉道的形状因子主要分布在 0.043~0.048，平均为 0.046，反映连通喉道的截面形状主要为三角形，喉道的形状因子与喉道大小之间也没有相关性。

运用盒维数法对纳米尺度裂隙网络进行分形分析，计算出的纳米尺度裂隙的分形维数结果如图 2-58 所示，可以看出，纳米尺度裂隙的分形维数为 1.45。分形维数不仅能够反映出孔隙结构的复杂程度，还可以用于预测渗透率(Pape et al., 1999)。

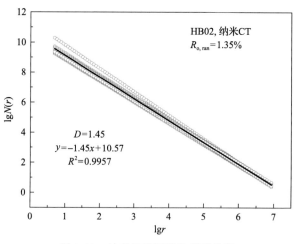

图 2-58　纳米尺度裂隙的分形维数

Kozeny-Carman(K-C)方程是预测多孔介质渗透率最著名的模型，在地下水渗流、油气田开采和电化学等众多领域中得到了广泛的应用(徐鹏等，2011)。该模型认为多

孔介质的渗透率主要与其孔隙度和孔隙的几何形状相关(徐鹏等，2011)，经典的 K-C 方程可以表示为

$$K = \frac{\phi^3}{c(1-\phi)^2 S^2} \tag{2-32}$$

式中，ϕ 为多孔介质的孔隙度；c 和 S 分别为 K-C 常数和岩石的比表面积。

　　虽然式(2-32)应用较广，但仍然是一个半经验关系的方程，精度较低，且该方程在提出时假设多孔介质由大量具有相同孔隙半径的毛细管束组成(郑斌和李菊花，2015)，然而对于煤储层这种孔隙结构复杂、非均质性非常强的多孔介质而言，该模型显然不适合。此外，前人研究表明，K-C 常数不是一个定值，而是与多孔介质的微观孔隙结构及其物性有关的一个变量(郑斌和李菊花，2015)。Xu 和 Yu(2008)通过引入分形维数和迂曲度对经典的 K-C 方程进行了修正，推导出渗透率、孔隙度和分形维数之间的关系：

$$K = \frac{1}{32\tau} \frac{2-D}{4-D} \frac{\phi}{1-\phi} r_{\max}^2 \tag{2-33}$$

式中，K 为渗透率；$r_{\max}$ 为最大孔隙半径；τ 为迂曲度；D 为分形维数。

　　迂曲度是研究多孔介质孔隙结构的重要参数之一，其定义为渗流通道的实际长度与其表观长度的比值(刘昂等，2016)，可由 Plessis(1994)的经验公式计算：

$$\tau = \frac{\phi}{1-(1-\phi)^{2/3}} \tag{2-34}$$

　　经过计算，纳米尺度裂隙的迂曲度为 1.46，因此，其连通的纳米尺度裂隙网络的预测渗透率值为 0.025mD。

　　渗透率是煤储层评价的重要参数，直接影响煤层气的开采效率和产量。煤储层渗透率主要受裂隙结构的控制，包括裂隙宽度、长度、数量、方向和连通性等。即使煤储层含气量很高，渗透性不好也会导致产气量很低(Cai et al.，2016)。前人研究表明，煤储层中内生裂隙主要受煤化作用、煤岩组分和内应力(基质收缩产生的内张力)三个参数的影响(傅雪海和秦勇，2003；Zhang et al.，2016c)。内生裂隙通常发育在条带状亮煤中，这种煤岩类型中镜质组含量高，易生成大量的烃类气体，气体的大量集聚和释放有利于裂隙的发育(姚艳斌等，2010)。鹤壁矿区的煤岩为低挥发分烟煤，由于第二次煤化跃变，在该阶段可以形成许多纳米尺度的裂隙，从而有利于煤储层渗透性的提高。总结微米 CT 扫描和纳米 CT 扫描的结果，提出了煤储层中孔隙和裂隙网络的概念模型，如图 2-59 所示。

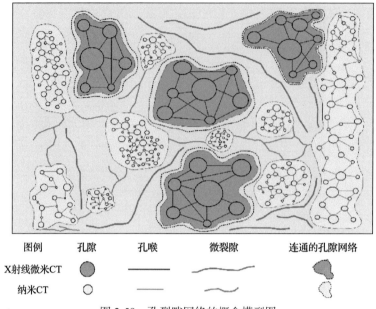

图例	孔隙	孔喉	微裂隙	连通的孔隙网络
X射线微米CT				
纳米CT				

图 2-59　孔裂隙网络的概念模型图

参 考 文 献

白斌, 朱如凯, 吴松涛, 等. 2013. 利用多尺度 CT 成像表征致密砂岩微观孔喉结构. 石油勘探与开发, 40(3): 329-333

毕建军, 苏现波, 韩德馨, 等. 2001. 煤层割理与煤级的关系. 煤炭学报, 26(4): 346-349

陈柏林, 高允, 申景辉, 等. 2021. 邹家山铀矿床含裂隙系统研究. 地质学报, 95(5): 1523-1544

陈同刚. 2012. 基于 X-CT 技术的韩城示范区煤储层精细描述. 高校地质学报, 18(3): 505-510

代高飞, 尹光志, 皮文丽. 2004. 压缩荷载下煤岩损伤演化规律细观实验研究. 同济大学学报, 32(5): 591-595

樊明珠, 王树华. 1997. 煤层气勘探开发中的割理研究. 煤田地质与勘探, 25(1): 29-32

范章群, 夏致远. 2009. 煤基质形状因子理论探讨. 煤田地质与勘探, 37(3): 15-18

傅雪海, 秦勇. 2003. 多相介质煤层气储层渗透率预测理论与方法. 徐州: 中国矿业大学出版社

傅雪海, 秦勇, 李贵中, 等. 2001. 山西沁水盆地中、南部煤储层渗透率影响因素. 地质力学学报, 7(1): 45-52

高建平. 2008. 准噶尔盆地南缘东段山前带构造特征与油气基本地质条件. 西安: 西北大学

宫伟力, 安里千, 赵海燕, 等. 2010. 基于图像描述的煤岩裂隙 CT 图像多尺度特征. 岩土力学, 31(2): 371-376

韩德馨. 1996. 中国煤岩学. 徐州: 中国矿业大学出版社

韩文学, 高长海, 韩霞. 2015. 核磁共振及微、纳米 CT 技术在致密储层研究中的应用——以鄂尔多斯盆地长 7 段为例. 断块
　　油气田, 22(1): 62-66

何勇明. 2007. 裂缝性油藏形状因子研究及应用. 成都: 成都理工大学

霍永忠, 张爱云. 1998. 煤层气储层的显微孔裂隙成因分类及其应用. 煤田地质与勘探, 26(6): 28-32

贾娟娟. 2012. 基于模糊聚类的彩色图像分割技术研究. 兰州: 兰州理工大学

雷健, 潘保芝, 张丽华. 2018. 基于数字岩心和孔隙网络模型的微观渗流模拟研究进展. 地球物理学进展, 33(2): 653-660

刘昂, 黄艳涛, 蒋一峰. 2016. 基于火柴棍模型的煤体迂曲度理论研究. 矿山工程, 4(3): 72-78

刘斌, 王宝善, 季卫国, 等. 2001. 围压作用下岩石样品中微裂纹的闭合. 物理学报, 44(3): 421-428

马麦宁, 白武明, 伍向阳. 2002. 10.6～1.5GPa、室温～1200℃条件下青藏高原地壳岩石弹性波速特征. 地球物理学进展,
　　17(4): 684-689

马中高, 解吉高. 2005. 岩石的纵、横波速度与密度的规律研究. 地球物理学进展, 20(4): 905-910

毛灵涛, 安里千, 王志刚, 等. 2010. 煤样力学特性与内部裂隙演化关系 CT 实验研究. 辽宁工程技术大学学报(自然科学版), 29(3): 408-411

孟召平, 张吉昌, Joachim T. 2006. 煤系岩石物理力学参数与声波速度之间的关系. 地球物理学报, 49(5): 1505-1510

孟召平, 刘常青, 贺小黑, 等. 2008. 煤系岩石声波速度及其影响因素实验分析. 采矿与安全工程学报, 25(4): 389-393

苏现波, 冯艳丽, 陈江峰. 2002. 煤中裂隙的分类. 煤田地质与勘探, 30(4): 21-24

孙亮, 王晓琦, 金旭, 等. 2016. 微纳米孔隙空间三维表征与连通性定量分析. 石油勘探与开发, 43(3): 490-498

唐书恒, 蔡超, 朱宝存, 等. 2008. 煤变质程度对煤储层物性的控制作用. 天然气工业, 28(12): 30-33

王建涛. 2016. 阜康矿区煤层气开发区块划分与潜力评价. 焦作: 河南理工大学

王平, 黄凯珠, 周锦添. 1996. 大理岩微裂隙与其力学性间的关系. 工程地质学报, 4(2): 19-24

王生维, 张明, 庄小丽. 1996. 煤储层裂隙形成机理及其研究意义. 中国地质大学学报: 地球科学, 21(6): 637-640

王振至. 2018. 阜康矿区低阶煤裂隙各向异性特征及渗透率应力演化规律研究. 焦作: 河南理工大学

徐鹏, 邱淑霞, 姜舟婷, 等. 2011. 各向同性多孔介质中 Kozeny-Carman 常数的分形分析. 重庆大学学报, 34(4): 78-82

闫巾亮. 2013. 基于数字岩心储层渗透率模型研究. 青岛: 中国石油大学(华东)

姚艳斌, 刘大猛, 黄文辉, 等. 2006. 两淮煤田煤储层孔-裂隙系统与煤层气产出性能研究. 煤炭学报, 31(2): 163-168

姚艳斌, 刘大锰, 汤达祯, 等. 2010. 沁水盆地煤储层微裂隙发育的煤岩学控制机理. 中国矿业大学学报, 39(1): 6-13

尹淮新. 2009. 浅析阜康煤矿区煤层气勘探开发. 陕西煤炭, 28(3): 24-26

于艳梅, 胡耀青, 梁卫国, 等. 2010. 瘦煤热破裂规律显微 CT 试验. 煤炭学报, 35(10): 1696-1700

张慧, 王晓刚, 员争荣, 等. 2002. 煤中显微裂隙的成因类型及其研究意义. 岩石矿物学杂志, 21(3): 278-284

张慎河, 彭苏萍, 刘玉香. 2006. 含煤地层裂隙岩石卢波速度特征试验研究. 山东科技大学学报(自然科学版), 25(1): 28-31

张胜利. 1995. 煤层割理及其在煤层气勘探开发中的意义. 煤田地质与勘探, 23(4): 27-30

张胜利, 李宝芳. 1996. 煤层割理的形成机理及在煤层气勘探开发评价中的意义. 中国煤田地质, 8(1): 72-77

张素新, 肖红艳. 2000. 煤储层中微孔隙和微裂隙的扫描电镜研究. 电子显微学报, 19(4): 531-532

赵海燕, 宫伟力. 2009. 基于图像分割的煤岩割理 CT 图像各向异性特征. 煤田地质与勘探, 37(6): 14-18

郑斌, 李菊花. 2015. 基于 Kozeny-Carman 方程的渗透率分形模型. 天然气地球科学, 26(1): 193-198

朱广生, 桂志先, 熊新斌, 等. 1995. 密度与纵横波速度关系. 地球物理学报, 38(A1): 260-264

庄锡进. 2003. 准格尔盆地南缘构造建模及油气成藏条件研究. 广州: 中国科学院研究生院(广州地球化学研究所)

邹才能, 杨智, 陶士振, 等. 2012. 纳米油气与源储共生型油气聚集. 石油勘探与开发, 39(1): 13-26

Palmer I D, Metealfe R S, Yee D, et al. 1996. 煤层甲烷储层评价及生产技术——美国煤层甲烷研究新进展. 秦勇, 曾勇, 译. 徐州: 中国矿业大学出版社

Al-Kharusi A S, Blunt M J. 2007. Network extraction from sandstone and carbonate pore space images. Journal of Petroleum Science & Engineering, 56(4): 219-231

Anders M H, Laubach S E, Scholz C H. 2014. Microfractures: A review. Journal of Structural Geology, 69: 377-394

Anderson E M. 1951. The dynamics of faulting and Dyke formation with application to britain. 2nd ed. Edinburgh: Oliver & Boyd

Bai M, Elsworth D. 2000. Coupled Processes in Subsurface Deformation, Flow and Transport. Reston: American Society of Civil Engineers Press

Baldwin C A, Sederman A J, Mantle M D, et al. 1996. Determination and characterization of the structure of a pore space from 3D volume images. Journal of Colloid and Interface Science, 181(1): 79-92

Barton N R, Choubey V. 1977. The shear strength of rock joints in theory and practice. Rock Mechanics and Rock Engineering, 10(2): 1-54

Bera B, Mitra S, Vick D. 2011. Understanding the micro structure of Berea Sandstone by the simultaneous use of micro-computed tomography (micro-CT) and focused ion beam-scanning electron microscopy (FIB-SEM). Micron, 42(5): 412-418

Bird N, Díaz M C, Saa A, et al. 2006. Fractal and multifractal analysis of porescale images of soil. Journal of Hydrology, 322(1): 211-219

Blunt M J, Bijeljic B, Dong H, et al. 2013. Pore-scale imaging and modelling. Advances in Water Resources, 51: 197-216

Boadu F K. 1997. Fractured rock mass characterization parameters, seismic properties: Analytical studies. Journal of Applied Geophysics, 37(1): 1-19

Bóna A, Nadri D, Brajanovski M. 2012. Thomsen's parameters from P-wave measurements in a spherical sample. Geophysical Prospecting, 60: 103-116

Bultreys T, Boever W D, Cnudde V. 2016. Imaging and image-based fluid transport modeling at the pore scale in geological materials: A practical introduction to the current state-of-the-art. Earth Science Reviews, 155: 93-128

Bustin R M, Guo Y. 1999. Abrupt changes (jumps) in reflectance values and chemical compositions of artificial charcoals and inertinite in coals. International Journal of Coal Geology, 38(3-4): 237-260

Cai Y D, Liu D M, Pan Z J, et al. 2016. Investigating the effects of seepage-pores and fractures on coal permeability by fractal analysis. Transport in Porous Media, 111(2): 479-497

Cardarelli E, Cercato M, Donno G D. 2014. Characterization of an earth-filled dam through the combined use of electrical resistivity tomography, P- and SH-wave seismic tomography and surface wave date. Journal of Applied Geophysics, 106: 87-95

Chen Y, Tang D Z, Xu H, et al. 2015. Pore and fracture characteristics of different rank coals in the eastern margin of the Ordos Basin, China. Journal of Natural Gas Science and Engineering, 26: 1264-1277

Chen Y X, Liu D M, Yao Y B, et al. 2015. Dynamic permeability change during coalbed methane production and its controlling factors. Journal of Natural Gas Science and Engineering, 25: 335-346

Close J C. 1993. Natural fractures in coal//Law B E, Rice D D. Hydrocarbons from Coal. American Association of Petroleum Geologists, Studies in Geology, 38: 119-132

Close J C, Mavor M J. 1991. Influence of coal composition and rank on fracture development in fruitland coal gas reservoirs of San Juan Basin//Schwochow S D, Murray D K, Fahy M F. Coalbed Methane of Western North America. Rocky Mountain Association of Geologists, Denver

Coats K H. 1989. Implicit compositional simulation of single-porosity and dual-porosity reservoirs//Proceedings of the SPE Symposium on Reservoir Simulation, Houston

Cook A M, Myer L R, Cook N G W, et al. 1990. The effect of tortuosity on flow through a natural fracture//Proceedings of 31st US Symposium on Rock Mechanics, London

Cui X, Bustin R M. 2005. Volumetric strain associated with methane desorption and its impact on coalbed gas production from deep coal seams. AAPG Bulletin, 89(9): 1181-1202

Daniele A, Tetsuya K, Florent O, et al. 2012. Simultaneous sound velocity and density measurements of hcp iron up to 93GPa and 1100K: An experimental test of the Birch's law at high temperature. Earth and Planetary Science Letters, 331-332: 210-214

Daniels E J, Altaner S P. 1990. Clay mineral authigenesis in coal and shale from the Anthracite region, Pennsylvania. American Mineralogist, 75(7-8): 825-839

Dawson G K W, Esterle J S. 2010. Controls on coal cleat spacing. International Journal of Coal Geology, 82(3-4): 213-218

Dezayes C T, Villemin T, Pêcher A. 2000. Microfracture pattern compared to core-scale fractures in the borehole of the Soultz-sous-Forets granite, Rhine graben, France. Journal of Structural Geology, 22(6): 723-733

Dong H, Blunt M J. 2009. Pore-network extraction from micro-computerized-tomography images. Physical Review E: Statistical, Nonlinear, and Soft Matter Physics, 80(2): 036307

Falconer K. 2005. Fractal Geometry: Mathematical Foundations and Applications. Chichester: John Wiley & Sons Ltd

Fernández-Martínez M, Sánchez-Granero M A. 2016. A new fractal dimension for curves based on fractal structures. Topology & Its Applications, 203: 108-124

Feser M, Gelb J, Chang H, et al. 2008. Sub-micron resolution CT for failure analysis and process development. Measurement Science & Technology, 19(9): 1-8

Fu H J, Tang D Z, Xu T, et al. 2017. Preliminary research on CBM enrichment models of low-rank coal and its geological controls: A case study in the middle of the southern Junggar Basin, NW China. Marine and Petroleum Geology, 83: 97-110

Gallegher J J, Friedman M, Handin J, et al. 1974. Experimental studies relating to microfractures in sandstone. Tectonophysics, 21(3): 203-243

Gamson P D, Beamish B B, Johnson D P. 1993. Coal microstructure and micropermeability and their effects on natural gas recovery. Fuel, 72(1): 87-99

Gardner G H F, Gardner L W, Gregory A R. 1974. Formation velocity and density-the diagnostic basics for stratigraphic traps. Geophysics, 39(6): 770-780

Gaviglio P. 1989. Longitudinal waves propagation in a limestone: the relationship between velocity and density. Rock Mechanics and Rock Engineering, 22(4): 299-306

Gelb J, Feser M, Tkachuk A, et al. 2009. Sub-micron X-ray computed tomography for non-destructive 3D visualization and analysis. Microscopy & Microanalysis, 15(S2): 618-619

Ghorbani A, Zamora M, Cosenza P. 2009. Effects of desiccation on the elastic wave velocities of clay-rocks. International Journal of Rock Mechanics & Mining Sciences, 46: 1267-1272

Giovanni L, Lara D G. 2006. Experimental studies on the effects of fracture on the P and S wave velocity propagation in sedimentary rock ("Calcarenite del Salento"). Engineering Geology, 84: 130-142

Goueygou M, Lafhaj Z, Soltani F. 2009. Assessment of porosity of mortar using ultrasonic Rayleigh waves. NDT&E International, 42: 353-360

Gu F, Chalaturnyk J. 2005. Analysis of coalbed methane production by reservoir and geomechanical coupling simulation. Journal of Canadian Petroleum Technology, 44(10): 23-32

Guo X J, Shen Y H, He S L. 2015. Quantitative pore characterization and the relationship between pore distributions and organic matter in shale based on Nano-CT image analysis: A case study for a lacustrine shale reservoir in the Triassic Chang 7 member, Ordos Basin, China. Journal of Natural Gas Science and Engineering, 27: 1630-1640

Hampton L D. 1964. Acoustic properties of sediments. The Journal of the Acoustical Society of America, 42(4): 882-890

Harpalani S, Chen G L. 1997. Influence of gas production induced volumetric strain on permeability of coal. Geotechnical and Geological Engineering, 15(4): 303-325

Hemes S, Desbois G, Urai J L, et al. 2015. Multi-scale characterization of porosity in Boom Clay (HADES-level, Mol, Belgium) using a combination of X-ray μ-CT, 2D BIB-SEM and FIB-SEM tomography. Microporous & Mesoporous Materials, 208: 1-20

Heriawan M N, Koike K. 2015. Coal quality related to microfractures identified by CT image analysis. International Journal of Coal Geology, 140: 97-110

Hodot B B. 1966. Outburst of coal and coalbed gas (Chinese Translation). Beijing: China Industry Press

Holt R T. 1997. Stress dependent wave velocities in sedimentary rock cores: Why and why not. International Journal of Rock Mechanics & Mining Sciences & Geomechanics Abstracts, 34: 261-276

Horii H, Nemat-Nasser S. 1985. Commpression-induced microcrack growth in brittle solids: Axial splitting and shear failure. Journal of Geophysical Research Solid Earth, 90(B): 3105-3125

Iassonov P, Gebrenegus T, Tuller M. 2009. Segmentation of X-ray computed tomography images of porous materials: A crucial step for characterization and quantitative analysis of pore structures. Water Resources Research, 45(W09415): 706-715

Jiao K, Yao S P, Liu C, et al. 2014. The characterization and quantitative analysis of nanopores in unconventional gas reservoirs utilizing FESEM-FIB and image processing: An example from the lower Silurian Longmaxi shale, upper Yangtze region, China. International Journal of Coal Geology, 128-129(3): 1-11

Jin Y, Dong J B, Zhang X Y, et al. 2017. Scale and size effects on fluid flow through self-affine rough fractures. International Journal of Heat and Mass Transfer, 105: 443-451

Kahraman S. 2002. Estimating the direct P-wave velocity value of intact rock from indirect laboratory measurements. International Journal of Rock Mechanics and Mining Sciences, 39(1): 101-104

Karacan C, Okandan E. 2000. Fracture/cleat analysis of coals from Zonguldak basin (northwestern Turkey) relative to the potential of coalbed methane production. International Journal of Coal Geology, 44: 109-125

Karimpouli S, Tahmasebi P, Ramandi H L, et al. 2017. Stochastic modeling of coal fracture network by direct use of microcomputed tomography images. International Journal of Coal Geology, 179: 153-163

Kassab M A, Weller A. 2011. Porosity estimation from compressional wave velocity: A study based on Egyptian sandstone formations. Journal of Petroleum Science and Engineering, 78: 310-315

Katz O, Reches Z. 2004. Microfracture, damage, and failure in brittle granites. Journal of Geophysical Research Solid Earth, 109 (B1): 1-13

Khandelwal M, Singh T N. 2009. Correlating static properties of coal measures rocks with P-wave velocity. International Journal of Coal Geology, 79 (1-2): 55-60

Koenig R A, Stubbs P B. Interference testing of a coalbed methane reservoir[C]// SPE Unconventional Gas Technology Symposium, Louisville, 1986

Kopp O C, Bennett III M E, Clark C E. 2000. Volatiles lost during coalification. International Journal of Coal Geology, 44 (1): 69-84

Kranz R L. 1983. Microcracks in rocks: A review. Tectonophysics, 100 (1): 449-480

Krzesinska M. 2000. Correlation of absolute temperature coefficients of ultrasonic velocity in solutions of dilute coal and lignite extracts with molecular masses. Fuel, 79 (15): 1907-1912

La Pointe P R. 1988. A method to characterize fracture density and connectivity through fractal geometry. International Journal of Rock Mechanics & Mining Sciences & Geomechanics Abstracts, 25: 421-429

Laubach S E, Marrett R A, Olson J E, et al. 1998. Characteristics and origins of coal cleat: A review. International Journal of Coal Geology, 35 (1-4): 175-207

Lee Y H, Carr J R, Barr D J, et al. 1990. The fractal dimension as a measure of the roughness of rock discontinuity profiles. International Journal of Rock Mechanics & Mining Sciences & Geomechanics Abstracts, 27: 453-464

Levine J R. 1993. Coalification: The evolution of coal as source rock and reservoir rock for oil and gas//Law B E, Rice D D. Hydrocarbons from Coal. AAPG Studies in Geology, 38: 39-78

Li J Q, Liu D M, Yao Y B, et al. 2013. Physical characterization of the pore-fracture system in coals, Northeastern China. Energy Exploration & Exploitation, 31 (2): 867-285

Li T, Wu C F, Liu Q. 2015. Characteristics of coal fractures and the influence of coal facies on coalbed methane productivity in the South Yanchuan Block, China. Journal of Natural Gas Science and Engineering, 22: 625-632

Li W, Liu H F, Song X X. 2015. Multifractal analysis of Hg pore size distributions of tectonically deformed coals. International Journal of Coal Geology, 144-145: 138-152

Liang Z, Ioannidis M A, Chatzis I. 2000. Geometric and topological analysis of three-dimensional porous media: Pore space partitioning based on morphological skeletonization. Journal of Colloid and Interface Science, 221 (1): 13-24

Lim K T, Aziz K. 1995. Matrix-fracture transfer shape factors for dual-porosity simulators. Journal of Petroleum Science and Engineering, 13: 169-178

Lindquist W B, Lee S M, Coker D A, et al. 1996. Medial axis analysis of void structure in three-dimensional tomographic images of porous media. Journal of Geophysical Research Solid Earth, 101 (B4): 8297-8310

Lindquist W B, Venkatarangan A. 1999. Investigating 3D geometry of porous media from high resolution images. Physics and Chemistry of the Earth, Part A: Solid Earth and Geodesy, 24 (7): 593-599

Liu C, Shi B, Zhou J, et al. 2011. Quantification and characterization of microporosity by image processing, geometric measurement and statistical methods: Application on SEM images of clay materials. Applied Clay Science, 54 (1): 97-106

Liu R C, Li B, Jiang Y J. 2016. A fractal model based on a new governing equation of fluid flow in fractures for characterizing hydraulic properties of rock fracture networks. Computers and Geotechnics, 75: 57-58

Liu S Q, Sang S X, Wang G, et al. 2017. FIB-SEM and X-ray CT characterization of interconnected pores in high-rank coal formed from regional metamorphism. Journal of Petroleum Science & Engineering, 148: 21-31

Liu X F, Nie B S. 2016. Fractal characteristics of coal samples utilizing image analysis and gas adsorption. Fuel, 182: 314-322

Mahamud M M, Navo M F. 2008. The use of fractal analysis in the textural characterization of coals. Fuel, 87 (2): 222-231

Mahamud M, López Ó, Pis J J, et al. 2003. Textural characterization of coals using fractal analysis. Fuel Processing Technology, 81(2): 127-142

Mathews J P, Pone J D N, Mitchell G D, et al. 2011. High-resolution X-ray computed tomography observations of the thermal drying of lump-sized subbituminous coal. Fuel Processing Technology, 92(1): 58-64

Mazumder S, Wolf K H A A, Elewaut K, et al. 2006. Application of X-ray computed tomography for analyzing cleat spacing and cleat aperture in coal samples. International Journal of Coal Geology, 68(3): 205-222

Meng Z P, Zhang J C, Wang R. 2011. In-situ stress, pore pressure and stress-dependent permeability in the Southern Qinshui Basin. International Journal of Rock Mechanics & Mining Science, 48: 122-131

Mizoguchi K, Ueta K. 2013. Microfractures within the fault damage zone record the history of fault activity. Geophysical Research Letters, 40(10): 2023-2027

Mohamed A K, Andreas W. 2011. Porosity estimation from compressional wave velocity: A study based on Egyption sand stone formation. Journal of Petroleum Science, Engineering, 78: 310-315

Moore D E, Lockner D A. 1995. The role of microcracking in shear-fracture propagation in granite. Journal of Structural Geology, 17(1): 95-114

Mou P W, Pan J N, Wang K, et al. 2021. Influences of hydraulic fracturing on microfractures of high-rank coal under different in-situ stress conditions. Fuel, 287: 119566

Murata S, Saito T. 2003. Estimation of tortuosity of fluid flow through a single fracture. Journal of Canadian Petroleum Technology, 42: 39-45

Nadan B J, Engelder T. 2009. Microcracks in New England granitoids: A record of thermoelastic relaxation during exhumation of intracontinental crust. Geological Society of America Bulletin, 121(1-2): 80-99

Nakagawa T, Komaki I, Sakawa M, et al. 2000. Small angle X-ray scattering study on change of fractal property of Witbank coal with heat treatment. Fuel, 79(11): 1341-1346

Nelson C R. 2000. Effects of geologic variables on cleat porosity trends in coalbed gas reservoirs. SPE Proceedings-Gas Technology Symposium. Houston: Society of Petroleum Engineers

Nie B S, He X Q, Li X C, et al. 2014. Meso-structures evolution rules of coal fracture with the computerized tomography scanning method. Engineering Failure Analysis, 41(5): 81-88

Pal N R, Pal S K. 1993. A review on image segmentation techniques. Pattern Recognition, 26(9): 1277-1294

Palmer I, Mansoori J. 1996. How permeability depends on stress and pore pressure in coal beds, a new model. SPE Annual Technical Conference and Exhibition, Denver

Palmer I, Mansoori J. 1998. Permeability depends on stress and pore pressure in coalbeds: A new model. SPE Reservoir Evaluation and Engineering, (6): 539-544

Pan J N, Meng Z P, Hou Q L, et al. 2013. Coal strength and Young's modulus related to coal rank, compressional velocity and maceral composition. Journal of Structural Geology, 54: 129-135

Pan J N, Zhu H T, Hou Q L, et al. 2015. Macromolecular and pore structures of Chinese tectonically deformed coal studied by atomic force microscopy. Fuel, 139: 94-101

Pan J N, Niu Q H, Wang K, et al. 2016. The closed pores of tectonically deformed coal studied by small-angle X-ray scattering and liquid nitrogen adsorption. Microporous & Mesoporous Materials, 224: 245-252

Pape H, Clauser C, Iffland J. 1999. Permeability prediction based on fractal pore-space geometry. Geophysics, 64(5): 1447-1460

Peng R D, Yang Y C, Ju Y, et al. 2011. Computation of fractal dimension of rock pores based on gray CT images. Chinese Science Bulletin, 56(31): 3346-3357

Peng S P, Zhang J C. 2007. Engineering Geology for Underground Rocks. Berlin: Springer

Philip Z G, Jennings J W, Olson J E, et al. 2005. Modeling coupled fracture-matrix fluid flow in geomechanically simulated fracture networks. SPE Reservoir Evaluation & Engineering, 8(4): 300-309

Pierre J, Yves G, Frederic C. 2012. Multiscale seismic signature of a small fault zone in a carbonate reservoir: Relationships between Vp imaging and fault zone architecture, cohesion. Tectonophysics, 554-557: 185-201

Plessis J P D. 1994. Analytical quantification of coefficients in the Ergun equation for fluid friction in a packed bed. Transport in Porous Media, 16(2): 189-207

Pontrjagin L, Schnirelman L. 1932. Sur une propriété métrique de la dimension. Annals of Mathematics, 33(1): 156-162

Popp T, Kern H. 1998. Ultrasonic wave velocitise, gas permeability and porosity in natural and granular rock salt. Physics and Chemistry of the Earth, 23(3): 373-378

Punturo R, Kern H, Cirrincione R, et al. 2005. P-and S-wave velocities and densities in silicate and calcite rocks from the Peloritani Mountains, Sicily (Italy): The effect of pressure, temperature and the direction of wave propagation. Tectonophysics, 409: 55-72

Ramandi H L, Mostaghimi P, Armstrong R T, et al. 2016. Porosity and permeability characterization of coal: A micro-computed tomography study. International Journal of Coal Geology, 154-155: 57-68

Rangel-German E R, Kovscek A R. 2005. Matrix-fracture shape factors and multiphase-flow properties of fractured porous media. Society of Petroleum Engineers

Reiss L H. 1980. The Reservoir Engineering Aspects of Fractured Formations. Houston: Gulf Publishing Corporation

Robinson P C. 1983. Connectivity of fracture systems-a percolation theory approach. Journal of Physics A: Mathematical and General, 16: 605-614

Rodrigues C F, Laiginhas C, Fernandes M, et al. 2014. The coal cleat system: A new approach to its study. Journal of Rock Mechanics and Geotechnical Engineering, 6: 208-218

Sahoo P K, Soltani S, Wong A K C. 1988. A survey of thresholding techniques. Computer Vision, Graphics, and Image Processing, 41(2): 233-260

Sakellariou M, Nakos B, Mitsakaki C. 1991. On the fractal character of rock surface. International Journal of Rock Mechanics & Mining Sciences & Geomechanics Abstracts, 28: 527-533

Sankar D, Thomas T. 2010. Fractal features based on differential box counting method for the categorization of digital mammograms. International Journal of Computer Information Systems and Industrial Management Applications, 2: 11-19

Sarma P, Aziz K. 2006. New transfer functions for simulation of naturally fractured reservoirs with dual porosity models. Society of Petroleum Engineers Journal, 90231: 328-340

Schlüter S, Sheppard A, Brown K, et al. 2014. Image processing of multi-phase images obtained via X-ray microtomography: A review. Water Resources Research, 50(4): 3615-3639

Scott A R. 2002. Hydrogeologic factors affecting gas content distribution in coal beds. International Journal of Coal Geology, 50: 363-387

Seidel J P, Haberfield C M. 1995. Towards an understanding of joint roughness. Rock Mechanics and Rock Engineering, 28: 69-92

Sezgin M, Sankur B. 2004. Survey over image thresholding techniques and quantitative performance evaluation. Journal of Electronic Imaging, 13(1): 146-165

Shepherd J, Rixon L K, Griffiths L. 1981. Rock mechanics review, outbursts and geological structures in coal mines. International Journal of Rock Mechanics & Mining Sciences & Geomechanics Abstracts, 18(4): 267-283

Shi X H, Pan J N, Hou Q L, et al. 2018. Micrometer-scale fractures in coal related to coal rank based on micro-CT scanning and fractal theory. Fuel, 212: 162-172

Silin D, Patzek T. 2006. Pore space morphology analysis using maximal inscribed spheres. Physica A, 371(2): 336-360

Simmons G, Richter D. 1976. Microcracks in rock//Strens R G J. The Physics and Chemistry of Minerals and Rocks. New York: Wiley: 105-137

Smith T G Jr, Lange G D, Marks W B. 1996. Fractal methods and results in cellular morphology dimensions, lacunarity and multifractals. Journal of Neuroscience Methods, 69(2): 123-136

Spearsa D A, Caswell S A. 1986. Mineral matter in coals: Cleat minerals and their origin in some coals from the English midlands. International Journal of Coal Geology, 6(2): 107-125

Su X B, Feng Y L, Chen J F, et al. 2001. The characteristics and origins of cleat in coal from Western North China. International Journal of Coal Geology, 47: 51-62

Tang X L, Jiang Z X, Jiang S, et al. 2016. Heterogeneous nanoporosity of the Silurian Longmaxi Formation shale gas reservoir in the Sichuan Basin using the QEMSCAN, FIB-SEM, and nano-CT methods. Marine & Petroleum Geology, 78: 99-109

Ting F T C. 1977. Origin and spacing of cleats in coal beds. Journal of Pressure Vessel Technology, 99(4): 624-626

Trier O D, Jain A K. 1995. Goal-directed evaluation of binarization methods. IEEE Transactions on Pattern Analysis and Machine Intelligence, 17(12): 1191-1201

Turk N, Dearman W R. 1987. Assessment of grouting efficiency in a rock mass in terms of seismic velocities. Bulletin of Engineering Geology and the Environment, 36(1): 101-108

Turk N, Greig M J, Dearman W R, et al. 1987. Characterization of rock surfaces by fractal dimension//28th US Symposium on Rock Mechanics, Tucson

Van Geet M, Swennen R. 2001. Quantitative 3D-fracture analysis by means of microfocus X-ray computer tomography: An example from coal. Geophysical Research Letters, 28(17): 3333-3336

Vlassenbroeck J, Dierick M, Masschaele B, et al. 2007. Software tools for quantification of X-ray microtomography at the UGCT. Nuclear Instruments and Methods in Physics Research A, 580(1): 442-445

Wang B Y, Jin Y, Chen Q, et al. 2014. Derivation of permeability-pore relationship for fractal porous reservoirs using series-parallel flow resistance model and lattice Boltzmann method. Fractals, 22(3): 1-15

Wang C Y, Sun Y. 1990. Orientation microfractures in Cajon Pass drill cores: Stress field near the San Andreas fault. Journal of Geophysical Research Solid Earth, 95(B7): 11135-11142

Wang H C, Pan J N, Wang S, et al. 2015. Relationship between macro-fracture density, P-wave velocity, and permeability of coal. Journal of Applied Geophysics, 117: 111-117

Wang H M, Liu Y, Song Y C, et al. 2012. Fractal analysis and its impact factors on pore structure of artificial cores based on the images obtained using magnetic resonance imaging. Journal of Applied Geophysics, 86(8): 70-81

Wang P F, Jiang Z X, Chen L, et al. 2016. Pore structure characterization for the Longmaxi and Niutitang shales in the Upper Yangtze Platform, South China: Evidence from focused ion beam-He ion microscopy, nano-computerized tomography and gas adsorption analysis. Marine & Petroleum Geology, 77: 1323-1337

Wang W, Kravchenko A N, Smucker A J M, et al. 2011. Comparison of image segmentation methods in simulated 2D and 3D microtomographic images of soil aggregates. Geoderma, 162(3): 231-241

Wang Y, Pu J, Wang L H, et al. 2016. Characterization of typical 3D pore networks of Jiulaodong formation shale using nano-transmission X-ray microscopy. Fuel, 170: 84-91

Wang Z Z, Pan J N, Hou Q L, et al. 2018. Anisotropic characteristics of low-rank coal fractures in the Fukang mining area, China. Fuel, 211: 182-193

Warren J E, Root P J. 1963. The behavior of naturally fractured reservoirs. Journal of Petroleum Science and Engineering, 6(3): 245-255

Weniger S, Weniger P, Littke R. 2016. Characterizing coal cleats from optical measurements for CBM evaluation. International Journal of Coal Geology, 154-155: 176-192

Wilson J E, Chester J S, Chester F M. 2003. Microfracture analysis of fault growth and wear processes, Punchbowl Fault, San Andreas system, California. Journal of Structural Geology, 25(11): 1855-1873

Wolfgang R, Mikhail K, Magdala T. 2013. Contrasts of seismic velocity, density and strength across the Moho. Tectonophysics, 609: 437-455

Xu F, Mueller K. 2005. Accelerating popular tomographic reconstruction algorithms on commodity PC graphics hardware. IEEE Transactions on Nuclear Science, 52(3): 654-663

Xu P, Yu B M. 2008. Developing a new form of permeability and Kozeny-Carman constant for homogeneous porous media by means of fractal geometry. Advances in Water Resources, 31 (1): 74-81

Yang X S, Yang Y, Chen J Y. 2014. Pressure dependence of density, porosity, compressional wave velocity of fault rocks from the ruptures of the 2008 Wenchuan earthquake, China. Tectonophysics, 619: 133-142

Yao Y B, Liu D M, Che Y, et al. 2009a. Non-destructive characterization of coal samples from China using microfocus X-ray computed tomography. International Journal of Coal Geology, 80 (2): 113-123

Yao Y B, Liu D M, Tang D Z, et al. 2009b. Fractal characterization of seepage-pores of coals from China: An investigation on permeability of coals. Computer & Geosciences, 35 (6): 1159-1166

Yao Y B, Liu D M, Cai Y D, et al. 2010. Advanced characterization of pores and fractures in coals by nuclear magnetic resonance and X-ray computed tomography. Science China: Earth Sciences, 53 (6): 854-862

Yasar E, Erdogan Y. 2004. Correlating sound velocity with the density, compressive strength and Young's modulus of carbonate rocks. International Journal of Rock Mechanics and Mining Science, 41 (5): 871-875

Yi J, Xing H L. 2017. Pore-scale simulation of effects of coal wettability on bubble-water flow in coal cleats using lattice Boltzmann method. Chemical Engineering Science, 161: 57-66

Yoshitaka N, Philip G M, Tetsuro Y, et al. 2011. Influence of macro-fractures and micro-fractures on permeability and elastic wave velocities in basalt at elevated pressure. Tectonophysics, 503: 52-59

Zhang J, Standifird W B, Roegiers J C, et al. 2007. Stress-dependent fluid flow and permeability in fractured media: From lab experiments to engineering applications. Rock Mechanics and Rock Engineering, 40 (1): 3-21

Zhang J, Huang L Y, Jiang Y H, et al. 2016. The analysis about characteristics of in-situ stress field in Xinjiang Tianshan area. Journal of Engineering Geology, 24: 1370-1378

Zhang J C, Lang J, Standifird W. 2009. Stress, porosity, and failure-dependent compressional and shear velocity ratio and its application to wellbore stability. Journal of Petroleum Science and Engineering, 69: 193-202

Zhang X H, Xu Y, Jackson R L. 2017. An analysis of generated fractal and measured rough surfaces in regards to their multi-scale structure and fractal dimension. Tribology International, 105: 94-101

Zhang Y H, Xu X M, Lebedev M, et al. 2016a. Multi-scale X-ray computed tomography analysis of coal microstructure and permeability changes as a function of effective stress. International Journal of Coal Geology, 165: 149-156

Zhang Y H, Lebedev M, Sarmadivaleh M, et al. 2016b. Swelling-induced changes in coal microstructure due to supercritical CO_2 injection. Geophysical Research Letters, 43 (17): 9077-9083

Zhang Y H, Lebedev M, Sarmadivaleh M, et al. 2016c. Swelling effect on coal micro structure and associated permeability. Fuel, 182: 568-576

Zhang Y S, Zhang J C. 2017. Lithology-dependent minimum horizontal stress and in-situ stress estimate. Tectonophysics, 703-704: 1-8

Zhang Z B, Wang E Y, Chen D, et al. 2016. The observation of AE events under uniaxial compression and the quantitative relationship between the anisotropy index and the main failure plane. Journal of Applied Geophysics, 134: 183-190

Zhou S D, Liu D M, Cai Y D, et al. 2016. Fractal characterization of pore-fracture in low-rank coals using a low-field NMR relaxation method. Fuel, 181: 218-226

Zoback M L, Zoback M D, Adams J, et al. 1989. Global patterns of tectonics tress. Nature, 341: 291-298

第3章
煤储层渗透率各向异性特征及其主控因素

煤储层渗透率是决定煤层气单井产量和稳产时间的关键因素(裴柏林等,2015)。与美国、加拿大和澳大利亚等国家相比,我国煤储层非均质性较强、渗透率普遍较低,且煤层地质条件复杂,因此我国煤层气开采情况更加复杂(张遂安等,2014)。随着煤矿进入深部开采,煤层将进入高地应力的恶劣环境,煤层气井实际生产过程中煤储层渗透率随煤层水的产出呈现快速降低—缓慢降低—缓慢增加的趋势(陈刚等,2014)。另外,我国绝大多数煤储层都处于复杂的地应力场中,地应力可以直接影响采气过程中排水降压的难易程度。因此,研究煤储层渗透率各向异性特征、应力作用下煤储层渗透性动态变化规律及应力敏感性特征,对深入揭示煤储层渗透率动态变化主控因素和高效开发煤层气资源具有理论和实际意义。

当前,研究煤储层渗透性的方法通常包括理论计算法(Gray,1987;Seidle et al.,1992;Palmer and Mansoori,1996;Cui and Bustin,2005;Shi and Durucan,2005;Cui et al.,2007;Connell,2009;Connell et al.,2010;Liu and Rutqvist,2010;Chen et al.,2012;Pan and Connell,2012;孟召平和侯泉林,2013)、现场测试和室内试验(大塚一雄和吴永满,1984;林柏泉和周世宁,1987;傅雪海等,2003),以及借助软件进行数值模拟等。各种方法有其自身的适用条件和优势,根据研究区域地质资料和研究目的,选取适当的渗透性研究方法可以取得事半功倍的效果。

3.1　煤储层渗透率理论计算

煤层气储层为低孔低渗储层,孔隙结构复杂,煤样制取难度较大且渗透率测试较难,迫切需要有效的渗透率计算模型(王镜惠等,2020)。因此,国内外诸多学者提出、推导和完善了渗透率理论模型(Gray,1987;Seidle et al.,1992;Palmer and Mansoori,1996;Cui and Bustin,2005;Shi and Durucan,2005;Cui et al.,2007;Connell,2009;Connell,et al.,2010;Liu and Rutqvist,2010;Chen et al.,2012;Pan and Connell,2012;孟召平和侯泉林,2013),这些模型一定程度上可以用于煤的渗透率计算。

假设煤中裂隙是单裂隙，渗透率可以基于达西定律进行计算，渗流公式为（Gamson et al.，1993；Zhao et al.，2016）

$$K = \frac{2Q\mu L p_0}{A(p_1^2 - p_2^2)} \tag{3-1}$$

式中，K 为煤样渗透率；Q 为渗流实验甲烷的流量；μ 为甲烷气体的黏度系数；L 和 A 分别为煤样的长度和截面面积；p_0 为大气压力；p_1 和 p_2 分别为进气压力和出气压力。

基于平板理论，Hagen–Poiseuille 流动方程可以表达为

$$Q = \frac{nb^3 l(p_1^2 - p_2^2)}{12\mu h p_0} \tag{3-2}$$

将式（3-2）代入式（3-1）变形为

$$K = \frac{nb^3 lL}{6Ah} \tag{3-3}$$

如果假设裂隙为贯通裂隙，即裂隙的高与样品的长相等，$h=L$，将式（2-21）代入式（3-3）变形为

$$K = \frac{\phi b^2}{6} \tag{3-4}$$

由式（3-4）可以看出，对同一个样品上不同方向渗透率进行比较时，仅需比较裂隙的开度和裂隙度。

以新疆阜康矿区西沟一矿、西沟二矿和气煤一井煤样为例，采用理论计算法计算其渗透率，发现各煤样平行层理方向裂隙渗透率高于垂直层理方向裂隙渗透率，且前者是后者的 1.33～12.91 倍（平均为 4.15 倍）（表 3-1），变化范围较大，这主要是 QM1-6 样品平行层理方向和垂直层理方向的裂隙度比值较大造成的。在裂隙形成过程中，在 σ_H 远远高于 σ_h 的地应力条件下，煤中极易形成孤立状裂隙，通常在最大主应力方向煤岩具有最大渗透率。垂直层理方向裂隙在最大水平主应力的影响下闭合，造成平行层理方向和垂直层理方向裂隙开度的比值和裂隙度的比值差异巨大，其中气煤一井煤样 σ_H 与 σ_h 方向裂隙的比值高达 2.40，这是造成渗透率计算结果差异较大的主要原因。

表 3-1　平行层理面和垂直层理面方向的裂隙渗透率

样品编号	K_p/K_v	K_{ph}/K_{vh}	样品编号	K_p/K_v	K_{ph}/K_{vh}
QM1-1	5.32	8.92	XG1-5	1.69	1.82
QM1-4	1.33	1.42	XG2-2	2.89	3.88
QM1-6	12.91	21.34	XG2-5	5.02	6.89
XG1-1	2.00	2.32	XG2-6	2.07	2.40
XG1-3	4.10	5.40			

注：下脚字母 v 表示垂直层理方向，p 表示平行层理方向，h 表示考虑了裂隙的高；K 为渗透率。

将式（2-22）代入式（3-3）中，考虑裂隙高度的变化后，渗透率表达式变化为

$$K = \frac{nlLb^2}{6\mu Aa} \qquad (3\text{-}5)$$

从式 (3-5) 中可以看出，同一个样品不同方向渗透率比值随着 $nlLb^2$ 发生变化，比值数据如表 3-1 所示。平行层理方向渗透率为垂直层理方向的 1.42~21.34 倍。QM1-6 煤样不同方向渗透率比值最大，这是平行层理方向和垂直层理方向的裂隙特征差异较大造成的。

虽然后期的构造运动可以产生新的构造裂隙，但是割理发育特征对煤岩渗透率起控制作用。侏罗纪，褶皱、断层和各种圈闭构造的形成对煤层气的储存产生了有利的影响，煤层气的逐渐聚积进一步增加了储层压力，形成割理。白垩纪早中期，盆地南缘出现了成排的背斜和断层，博格达的逆断层带活动随之增加，强烈的构造运动导致许多外生裂隙的产生。漫长的地质历史造就了阜康矿区独特的构造环境，主要表现为其水平主应力大于垂直应力，考虑到原位地应力对自然裂隙的张开和闭合具有决定作用，从而使得煤样的裂隙开度、裂隙度在平行层理方向大于垂直层理方向。通过平板理论和达西定律计算得出的平行层理方向渗透率远大于垂直层理方向的结论也证实了上述分析。另外，需要注意的是裂隙网络的连通性对煤中渗透率同样具有重要影响。研究结果显示，平行层理方向的裂隙连通率是垂直层理方向的 1.055~1.879 倍，该结论与前人的渗透率实验结果一致。然而，至今仍无法将裂隙连通性与渗透模型相结合，这也是我们未来工作的重点。

3.2　立方体煤样不同方向渗透率变化特征及其主控因素

鉴于煤储层的非均质性及煤体结构的复杂性，仅依靠理论计算方法难以准确定量表征煤储层渗透性，借助于物理实验的方法对煤样渗透率进行测定可以在一定程度上反映煤层的渗透性特征。在煤样渗透率的实验研究过程中，通常根据研究目的不同可以将煤样制成立方体样品或柱状样品，而后将样品放置于渗透率测试仪器中进行相应的渗流实验以获取煤样渗透率，最后根据实测的样品渗透率数据对煤层渗透性进行评估。

煤中裂隙发育通常具有较强的各向异性，具体表现为煤中各个方向渗透率存在显著差异 (Weniger et al., 2016；Wang et al., 2018a)。本节以新疆阜康矿区西沟一矿 (XG)、大黄山矿 (DHS)、六运矿 (LY) 及气煤一井 (QM) 煤样为例，开展了立方体样品三个相互垂直不同方向的渗透率实验研究。

3.2.1　实验方法与步骤

为了准确获取煤样不同方向的渗透率数据，作者在三轴渗透率仪的基础上对各向异性渗透率测试仪进行了改进，改进后的实验装置和流程如图 3-1 所示。Pan 等 (2015) 发现采用 3D 打印技术对实验样品进行处理可以取得较好的密封效果。然而，考虑到立方煤样的尺寸并不是完全相同的，当 3D 打印膜的尺寸或材料性质不再与样品相匹配

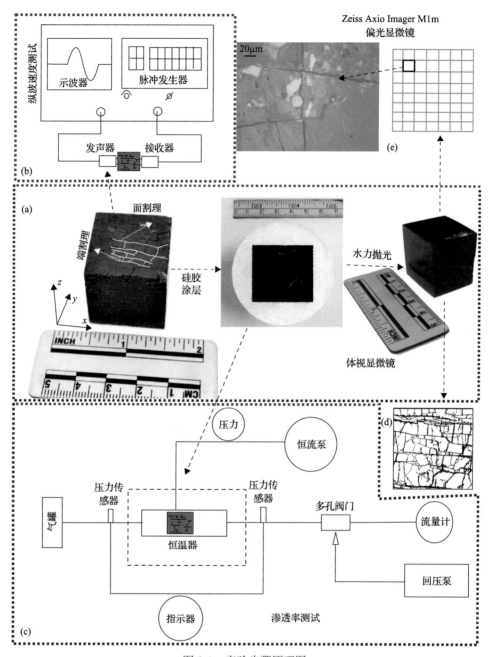

图 3-1　实验步骤原理图

(a)样品处理与加工；(b)声波测试；(c)使用硅胶包裹样品进行渗透率各向异性实验；(d)利用二值化技术对体视显微镜拍摄的照片进行处理；(e)镜质组反射率以及裂隙测量通过 Zeiss Axio Imager M1m 偏光显微镜(反射光，单色光，偏光，油浸物镜)

时，煤样各向异性渗透率测试就达不到预期的效果。因此，作者制作了一种硅胶制的模具，该模具直径为 50mm、高为 30mm。在使用时，首先用一层硅胶涂膜把立方体煤样包裹完全并放置于模具中间；而后填充立方体煤样和硅胶模具之间的空隙，使得样品具有良好的密封性和抗高温/高压的能力；将样品静置 24h，待硅胶模具完全凝固后进行渗透率实验。该方法的优点在于每次实验后，立方体样品可以被取出并重新调整方向，然后放置于三轴压力室中进行每个方向渗透率的测量。

实验开始之前，首先通过游标卡尺对样品尺寸进行精确测量；在实验过程中，对样品进行加热以保证整个实验处于恒温环境中(35℃)。实验时夹持器入口和出口处的气压可以通过压力传感器测量。为了获取不同方向、不同加载条件下的煤样渗透率数据，本节渗透率实验条件设置如下：入口处气压恒定为 3MPa；出口处气压为标准大气压；另外，通过平流泵控制实验围压以保证煤样所受有效应力逐级增加(2MPa、3MPa、4MPa、5MPa、6MPa 和 7MPa)；当有效应力增加到 7MPa 时，控制有效应力逐级降低(6MPa、5MPa、4MPa、3MPa 和 2MPa)直至完成最后的压力加载过程。

假设可压缩气体在恒定温度下处于理想的稳定状态，则其渗透率可以通过式(3-6)连续计算：

$$K = \frac{2Qp_0\mu L}{A(p_{in}^2 - p_{out}^2)} \tag{3-6}$$

式中，K 为煤的气体渗透率；p_0 为标准大气压；μ 为气体黏度系数；L 为立方体样品渗流方向的长度；A 为样品垂直渗流方向的横截面积；p_{in} 和 p_{out} 分别为入口与出口的气压。

3.2.2　结果与讨论

1. 有效应力对不同方向渗透率的影响

考虑到地应力对煤储层渗透性具有重要影响，对不同应力条件下、不同方向煤样的渗透率变化特征进行研究。

图 3-2 展示了 4 组煤岩样品在不同有效应力下渗透率动态变化的实验结果。显然，随着有效应力的增加，渗透率逐渐减小。在同一个立方体样品中，无论哪一个方向，当有效应力被卸载时，样品的渗透率均会发生反弹，但不能完全恢复到初始状态(图 3-3)。

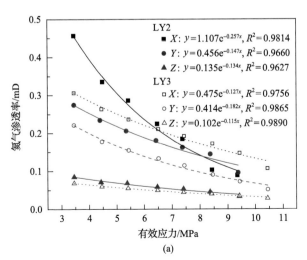

(a)

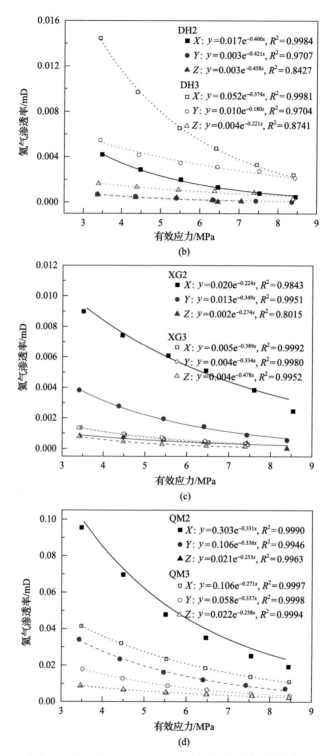

图 3-2　氦气在 3.5～8.5MPa 的有效应力下渗透率变化

每个小图中的数据来自同一个立方样品

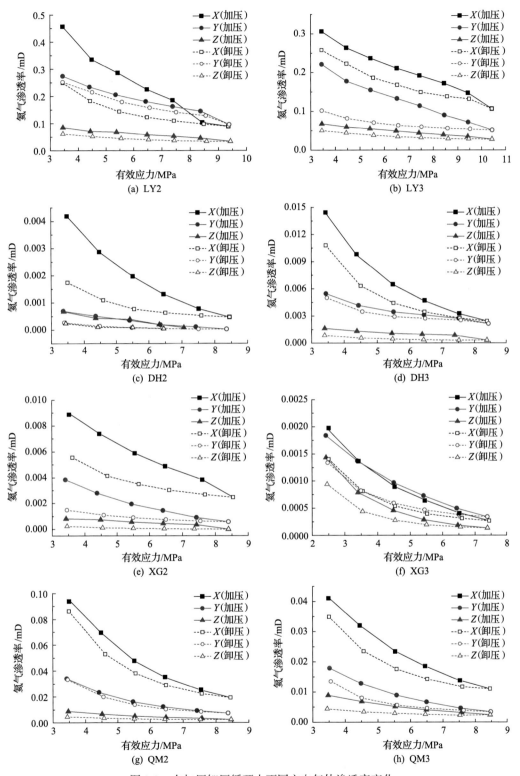

图 3-3　在加压卸压循环中不同方向气体渗透率变化

为了评估渗透率在有效应力从 i 到 j 的变化，引入了渗透率损失率（PLR）和不可逆渗透率损失率（IPLR）的概念（Langenberg and Kalkreuth，1991；Meng and Li，2013；Zhao et al.，2015）：

$$PLR = \frac{K_1 - K_2}{K_1} \times 100\% \qquad (3-7)$$

$$IPLR = \frac{K_1 - K_i'}{K_1} \times 100\% \qquad (3-8)$$

式中，K_1 为压力 P_1 下的渗透率，mD；K_2 为压力 P_2 下的渗透率，mD；K_i' 为压力返回至 P_1 时的渗透率，mD。

8 个样品的渗透率损失率实验结果如图 3-4 所示，不可逆渗透率损失率结果列于表 3-2。显然，渗透率随着有效应力增加而逐渐减小，且具有以下几个特点：①当有效应力从 3.5MPa 增加到 6.5MPa 时，样品 LY 的渗透率损失率从 13% 增加到 50%，其余样品渗透率损失率从 9% 增加到 79%；当有效应力从 6.5MPa 增加到 8.5MPa 时，样品 XG、DH 和 QM 的渗透率损失率均超过 80%，而 LY 样品则维持在 60% 左右。②当有效应力增大至 7.5MPa 时，垂直层理方向渗透率下降速度极快，渗透率损失率增加幅度较大。③样品 DH、XG 和 QM 的渗透率损失率和不可逆渗透率损失率具有各向异性的规律。需要指出的是，渗透率损失率在 Z 方向最小，而不可逆渗透率损失率在 Z 方向最大。

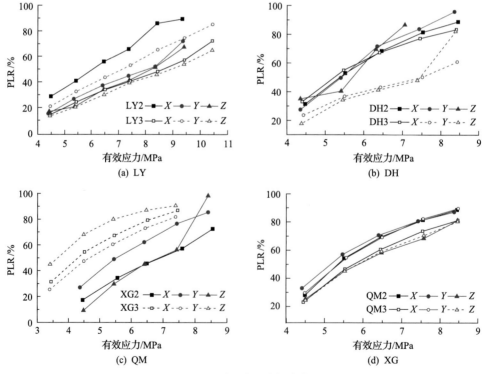

图 3-4　样品渗透率损失率

表 3-2 样品不同方向裂隙的开度、裂隙度、连通性、纵波波速和不可逆渗透率损失率特征

样品编号		b_{min}/μm	b_{max}/μm	b_{avg}/μm	φ/%	C/%	V_P/(m/s)	IPLR/%
LY1	X	1.05	9.99	7.53	1.59			
	Y	0.75	9.04	5.59	1.52			
	Z	1.26	9.68	4.71	0.92			
LY2	X			42.57	8.28	100	861.06	45.48
	Y			29.55	13.07	100	988.61	8.00
	Z			25.51	11.99	100	960.70	27.08
LY3	X			43.22	5.51	100	879.74	15.58
	Y			38.38	7.30	100	1078.54	54.01
	Z			26.22	4.84	100	962.45	25.80
DH1	X	1.29	9.61	5.26	0.92			
	Y	1.13	9.91	5.08	0.69			
	Z	1.46	7.85	4.53	0.507			
DH2	X			69.35	4.15	79.84	2035.82	58.45
	Y			42.72	2.74	87.89	2296.67	61.48
	Z			31.54	4.66	58.79	2301.61	64.70
DH3	X			35.68	3.34	93.92	1838.67	25.24
	Y			30.92	1.60	62.54	2231.41	8.77
	Z			24.77	4.49	100.00	2256.91	46.79
XG1	X	0.54	9.833	7.55	3.78			
	Y	1.32	9.72	5.82	2.97			
	Z	0.25	4.73	1.93	0.62			
XG2	X			39.84	7.30	29.55	2013.79	38.30
	Y			34.13	3.75	92.97	2028.37	61.32
	Z			28.67	4.12	96.84	2071.94	71.19
XG3	X			29.62	7.38	68.85	1955.88	29.24
	Y			25.87	14.94	54.81	1970.59	27.19
	Z			25.02	2.26	84.89	2052.24	34.48
QM1	X	1.07	9.49	8.81	3.05			
	Y	0.87	9.17	7.15	3.04			
	Z	0.48	9.90	5.41	1.29			
QM2	X			68.27	3.71	36.68	1515.63	9.75
	Y			61.23	3.32	92.32	1618.61	2.15
	Z			64.43	2.54	92.15	1748.72	49.46
QM3	X			33.62	4.53	76.15	1734.57	15.76
	Y			29.36	2.45	2.91	1862.94	24.53
	Z			26.73	2.84	87.96	1866.67	50.39

注：X 是面割理方向；Y 是端割理方向；Z 是垂直层理方向；b 是裂隙开度；φ 是裂隙度；C 为裂隙连通性；V_P 是纵波波速。

应力作用下煤的渗透率变化特征与煤应力敏感性密切相关，煤储层应力敏感性受多种因素的影响。通常情况下，煤储层渗透率应力敏感系数（SSC）可以通过式（3-9）计算（Gentzis et al.，2007；Geng et al.，2017）：

$$SSC = -\frac{1}{K_0}\frac{\partial K}{\partial \sigma} \tag{3-9}$$

式中，K_0 为初始条件的渗透率，mD；∂K 为渗透率的变化量，mD；$\partial \sigma$ 为有效应力的变化量，MPa。

图 3-5 为有效应力与应力敏感系数之间的相关关系。根据图 3-5，随有效应力的增大，煤样品的应力敏感系数呈减小趋势。在恒定的孔隙压力条件下，随着围压的逐渐增大，裂隙系统受压逐渐闭合，进而造成渗透率的变化，因此，在具有较大应力敏感系数的方向，其渗透率对有效应力的变化也更加敏感。另外，需要注意的实验煤样不同方向的压力敏感性、裂隙压缩性和气体滑移效应的贡献并不相同，主要表现为平行层理方向的压力敏感性和裂隙压缩性大于垂直层理方向，但更为具体的方向（面割理和端割理）已经无法进一步判别；气体滑移效应的贡献方面，主要表现为垂直层理方向＞端割理方向＞面割理方向。

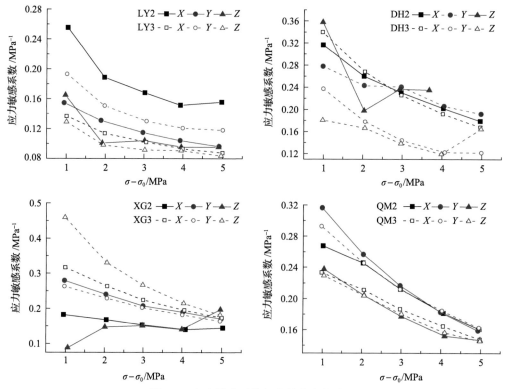

图 3-5　应力敏感系数与有效应力的关系

2. 气体滑脱效应

气体在多孔介质中的流动可以依据岩体性能和分子平均自由程进行划分(Liu et al., 1995)，根据克努森数(Kn)可以分为四个阶段：①连续流($Kn \leqslant 10^{-3}$)；②滑移流($10^{-3} < Kn \leqslant 10^{-1}$)；③过渡流($10^{-1} < Kn \leqslant 10^{1}$)；④克努森扩散($10^{1} \leqslant Kn$)(Deng et al., 2014; Firouzi et al., 2014)，其中 Kn 定义为

$$Kn = \frac{\lambda}{r} \tag{3-10}$$

式中，λ 为分子平均自由程；r 为岩体特征尺度(孔隙喉道半径)。

克林肯贝格在 1941 年第一次提出了滑移流的现象(Klinkenberg, 1941)：气体在多孔材料中流动，如果孔隙半径与气体分子平均自由程大小相当，则气体分子会与孔隙壁发生剧烈碰撞并产生更多的流量，导致试验结果显示气体渗透率高于液态渗透率测量值，这种现象一般发生在纳米尺度的割理、孔隙中(Gensterblum et al., 2014)。在对低渗透性储层进行开发时，气体滑移效应对储层渗透率的影响较大而不能被忽视，因此需要引入渗流方程以便于对渗透率进行校准，以进一步分析其对煤层气开发的影响(Zhao et al., 2015)。

滑移因子(sf)定义为

$$\text{sf} = 4c\frac{\lambda p_{\mathrm{m}}}{r} \tag{3-11}$$

气体分子的平均自由程(λ)可以通过气体动力学理论计算得到

$$\lambda = \frac{k_{\mathrm{B}}T}{\sqrt{2}\pi d_{\mathrm{m}}^2 p_{\mathrm{m}}} \tag{3-12}$$

式(3-11)和式(3-12)中，p_{m} 为平均孔隙压力，由进气口和出气口气压所决定，$p_{\mathrm{m}} = (p_{\mathrm{in}} + p_{\mathrm{out}})/2$；$r$ 为孔隙喉道半径；k_{B} 为 Boltzmann 系数，1.38×10^{-23}J/K；T 为实验温度，K；d_{m} 为有效气体分子直径；c 为比例因子，一般可以通过式(3-13)计算，在运用中为了简化计算，一般取值为 1(Beskok and Karniadakis, 1999; Gensterblum et al., 2014)。

$$c = \frac{128}{15\pi^2}\tan^{-1}(4Kn^{0.4}) \approx \frac{128}{15\pi^2}\left[4Kn^{0.4} - \frac{1}{3}(4Kn^{0.4})^3\right] \tag{3-13}$$

克林肯贝格效应对细颗粒、低渗透性多孔介质材料渗透率的影响十分显著(Wu et al., 1998)，有利于低渗透煤层气储层渗透性的增大，但是滑移效应也存在明显的约束条件。Zou 等(2016)指出，气体滑移效应对煤层渗透性的影响会随着孔隙压力的增大而减小，尤其是在高孔隙压力条件下(>2MPa)，此时气体分子的平均自由程约等于0.98Å[①]，远远小于煤中割理的开度。此外，研究表明当煤储层渗透率大于 1.0mD 时，气体滑移效应对煤层气生产的影响极小；当煤储层渗透率为 0.1~1.0mD、储层压力为

_____

① 1Å=1×10^{-10}m。

$2\sim5$MPa 时，气体滑移效应对煤层渗透率的影响较小（小于 5%）；当储层压力小于 2MPa 时，气体滑移效应对储层渗透性的影响不可忽视（Mitra et al.，2012）。Gensterblum 等（2014）通过限定围压、小范围改变孔隙压力研究了渗透率的变化特征，结果表明，相较于围压作用，平均孔隙压力对样品渗透率变化的影响很小。因此，在相同的有效应力条件下，孔隙压力小幅度变化对渗透率的影响可以忽略。在此次研究中，氦气的滑移系数几乎不依赖有效应力，为了方便计算，不同有效应力作用下的渗透率可以在相同的孔隙压力条件下进行计算。

通过 Beskok-Karniadakis 方程（Beskok and Karniadakis，1999）以及达西定律，考虑扩散和滑移流影响渗透率校准方程可以表示为（Klinkenberg，1941）：

$$K = \varsigma K_0 = K_0(1 + cKn)\left(1 + \frac{4Kn}{1 - \mathrm{sf}Kn}\right) \tag{3-14}$$

渗透率校准因子：

$$\varsigma = 1 + cKn + \frac{4Kn}{1 - \mathrm{sf}Kn} + \frac{4cKn^2}{1 - \mathrm{sf}Kn} \tag{3-15}$$

式（3-15）的等式右侧前两项为无滑移流影响的表达式，后两项为滑移效应的定量表达式。当克努森数小于 0.1 时，滑移影响可以忽略。气测渗透率（K_g）是等效液体渗透率（K_∞）和气体滑移效应引起的渗透率增量组成的，可表示为

$$K_g = K_\infty\left(1 + \frac{b}{p_m}\right) \tag{3-16}$$

氦气在 35℃、平均孔隙压力 1.55MPa 下的平均自由程 λ 为 9.14nm，然而渗流所发生的孔隙直径较大[Fu 等（2005）研究认为孔隙直径大于 65nm；Yao 等（2009）研究认为孔隙直径大于 100nm]根据第 3 章关于"裂隙渗透性的控制机理"的讨论发现，样品渗透率主要由裂隙贡献，孔隙对渗透率的贡献较小。绝对渗透率可以通过火柴棍模型采用立方体定律进行计算（Witherspoon et al.，1979；Robertson and Christiansen，2006；Seidle，2011）：

$$K = \frac{w^3}{12a} \tag{3-17}$$

式中，w 为裂隙的开度；a 为裂隙的间距。

根据式（3-17），绝对渗透率只与裂隙的开度和间距有关。假设样品在初始状态下，滑移因子 $b=0$，裂隙间距 a 可以通过样品横截面积与横截面积上裂隙总长度之比得出，样品压缩时裂隙间距的变化很小，可以忽略不计，则渗流通道的开度即可由初始渗透率推导得出。

假设在每个有效应力条件下滑移流的影响因子是恒定的，即 $b=b_0$（Gensterblum et al.，2014；Zou et al.，2016），而作为渗流通道的孔裂隙随着有效应力的增加被压缩直到闭合，滑移因子也随之发生变化（Mitra et al.，2012；Li et al.，2014）。滑移效应贡献率 W_k 可以通过式（3-18）计算：

$$W_k = \frac{K_g - K_\infty}{K_g} \times 100\% \tag{3-18}$$

克林肯贝格渗透率贡献率与滑移因子相同，均随着有效应力的增大而增加。有效应力造成孔裂隙压缩，不断减小的孔径使滑移效应更加明显。从图 3-6 可以发现，克林肯贝格渗透率同样具有各向异性特征，这是由于渗流通道在不同方向上具有各向异性引起的。同时，由于孔裂隙受到了不可逆的破坏，孔裂隙直径无法得到完全恢复，造成在压力卸载过程，煤岩滑移因子大于其在压力加载过程中的数值。

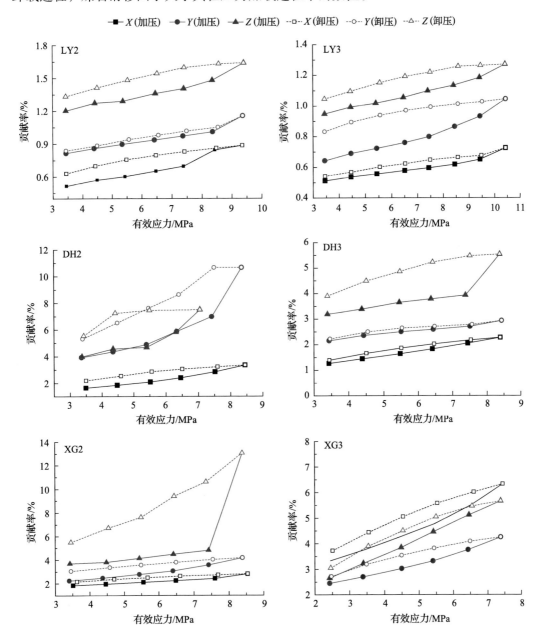

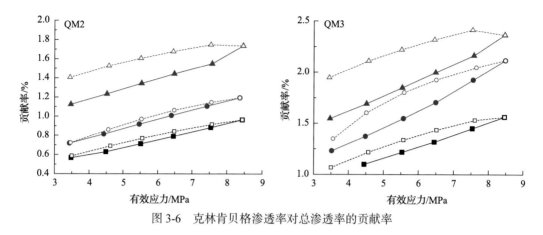

图 3-6　克林肯贝格渗透率对总渗透率的贡献率

3. 裂隙压缩性对渗透率的影响

为了更好地表征压力加载过程中样品渗透率的变化，引入了无量纲渗透率(DP)的概念(Gentzis et al.，2007)：

$$DP = \frac{K_i}{K_0} \tag{3-19}$$

式中，K_i 为有效应力下的渗透率(经克林肯贝格校正后)，mD，K_0 为初始渗透率，mD。

另外，为定量表征裂隙的可压缩性，引入了裂隙压缩率(Pan et al.，2010；Wang et al.，2011；Yi and Xing，2017)：

$$\ln\frac{K}{K_0} = -3C_f(\sigma - \sigma_0) \tag{3-20}$$

式中，C_f 为裂隙压缩率，MPa^{-1}；σ_0 为初始有效应力。

8 个样品的 DP 随有效应力变化的关系曲线如图 3-7 所示。无量纲渗透率整体随有效应力的增加呈减小趋势；且随着有效应力的增加，C_f 呈线性增加。

根据图 3-2，煤的渗透率随有效应力的增大呈指数减小。目前关于裂隙压缩率与有效应力的关系有两种结论：①裂隙压缩率随着有效应力的增加呈线性减小(Koenig and Stubbs，1986；高建平，2008；Mitra et al.，2012；Yi and Xing，2017)；②裂隙压缩率随有效应力的增大呈先减小后增大的趋势(Chen et al.，2015)。本次通过对 8 个煤样进行实验，所取得的结论与前者相一致，即渗透率比值随有效应力的增大呈减小趋势(图 3-7)。Li 等(2014)发现裂隙压缩率与煤中镜质组含量具有较强的相关性，主要表现为裂隙压缩率随镜质组含量的增加呈增大趋势。通过煤的显微压痕实验，发现煤中不同组分的微硬度与弹性系数存在较大差异，其中惰质组微硬度和弹性模量最大，壳质组最小，镜质组居中(Kožušníková，2009)。考虑到镜煤和暗煤分布的复杂性，裂隙压缩率的各向异性特征较难定量表征。

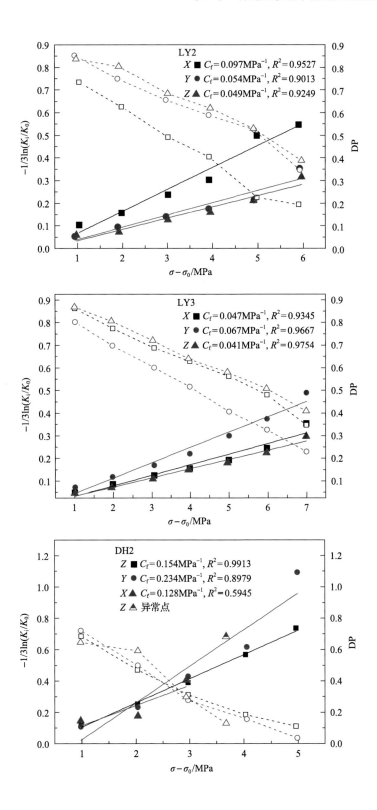

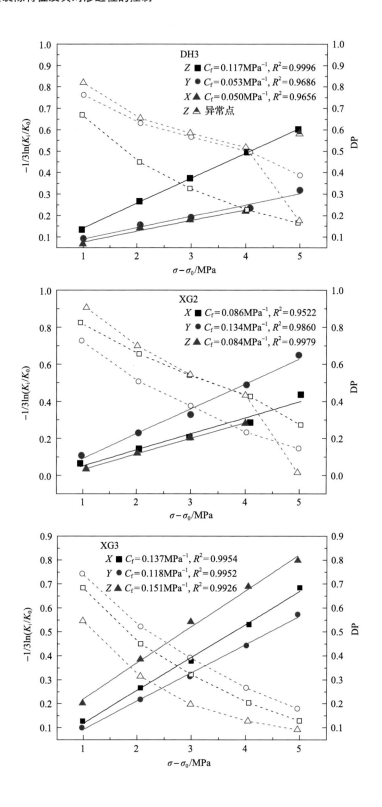

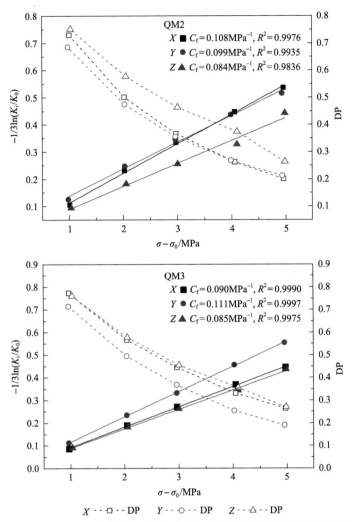

图 3-7　通过氦气测试不同样品无量纲渗透率及裂隙压缩率与有效应力差的关系

8 个样品的渗透率比值随着有效应力差的增加而增加，不同方向裂隙压缩率随着有效应力差的增加而不同

3.2.3　裂隙各向异性对煤储层渗透率的控制作用

目前，煤层渗透率的各向异性特征已经得到学者们的广泛关注（Mitra et al.，2012；Meng and Li，2013；Li et al.，2014；Zhao et al.，2015；Wang et al.，2018）。通常情况下，煤样不同方向的渗透性存在显著差异，而煤岩裂隙各向异性广泛发育是造成该现象的主要原因。

裂隙的开度与裂隙度的乘积可以称作有效的裂隙参数。图 3-8 表明，渗透率与有效裂隙参数间呈线性关系，随着有效裂隙参数数值的增大，渗透率呈增大趋势。考虑到在煤储层中，连通性差的裂隙网络并不是有效的渗流路径，因此，将裂隙网络连通性引入到有效裂隙参数中十分必要。考虑到有效裂隙参数和连通系数的乘积与煤岩渗透率具有更好的相关关系，因此，在煤层气的勘探开发中，主要选用有效裂隙参数和连通系数的乘积来预测渗透率的大小。经过漫长的地层沉积和改造后，煤储层中 X、Y 和 Z 方向上发育的裂隙特征存在较大的差异，这主要是由于裂隙的几何特征参数受原位地应力的影响很大，平行层理方向裂隙开度与垂直层理方向裂隙开度的比值与储层压力之间存在较好的线性关系（Wang et al.，2018）。此外，研究表明，当应力沿特定方向加载时，若平行于裂隙延伸方向，裂隙开度增加，当垂直于裂隙延伸方向时，裂隙开度减小（Zhang et al.，2007）。考虑到研究区内主要发育走滑断层（$\sigma_H \geqslant \sigma_v \geqslant \sigma_h$）和逆断层模式（$\sigma_H \geqslant \sigma_h \geqslant \sigma_v$）（Anderson，1951），且目标煤层侏罗系八道湾组 42#煤层最大倾角为 55°。因此，不同方向的裂隙开度发育的顺序依次为：面割理方向＞端割理方向＞垂直层理方向，这与 2.3 节"微米尺度裂隙发育特征"中通过 Zeiss Axio 成像显微镜和体视显微镜测量的裂隙开度结果一致（表 3-2）。

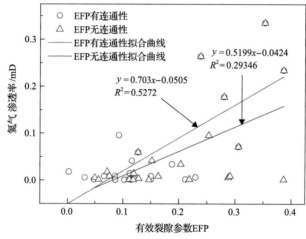

图 3-8　氦气渗透率与有效裂隙参数的关系

　　为了进一步探讨裂隙各向异性对煤岩渗透率的影响，考虑到借助立方体样品研究煤岩裂隙及渗透率的各向异性特征可以极大地避免由于煤样非均质性造成的实验误差（3.2.1 节），因此，下面主要依据立方体样品渗透率实验结果进行讨论。

　　煤岩渗透率通常受裂隙发育特征的直接影响，同时渗流孔对渗透率的影响也不可忽视（Cai et al.，2013）。受煤岩组分的限制，煤岩割理通常发育在亮煤中，暗煤中则仅发育少量的外生裂隙（Laubach et al.，1998a）。考虑到同等开度的外生裂隙的粗糙度通常大于割理的粗糙度（Wang et al.，2018），因此，暗煤的渗透率通常大于亮煤（Geng et al.，2017）。暗煤中的渗流过程多发生于孔隙和外生裂隙中；在亮煤中则多发生于割理及外生裂隙中（图 3-9），而在垂直层理方向镜煤与暗煤通常交错分布（图 3-10），这极大地影响了 Z 方向的渗透率特征。考虑到面割理方向和端割理方向的渗流路径往往较垂直层理方向连通性更好，因此，在初始有效应力条件下（Gensterblum et al.，2014），三个方向上的氦气渗透率整体趋势为：X 方向＞Y 方向＞Z 方向。另外，考虑到 XG-3 样品均质性较好，因此，三个方向上的裂隙开度和渗透率存在细微的差异；LY 样品在 Y 方向的裂隙面密度最大，但纵波速度测试显示，其 Z 方向煤体结构最复杂，因此，渗透率的各向异性发育规律仍与其他样品相同。

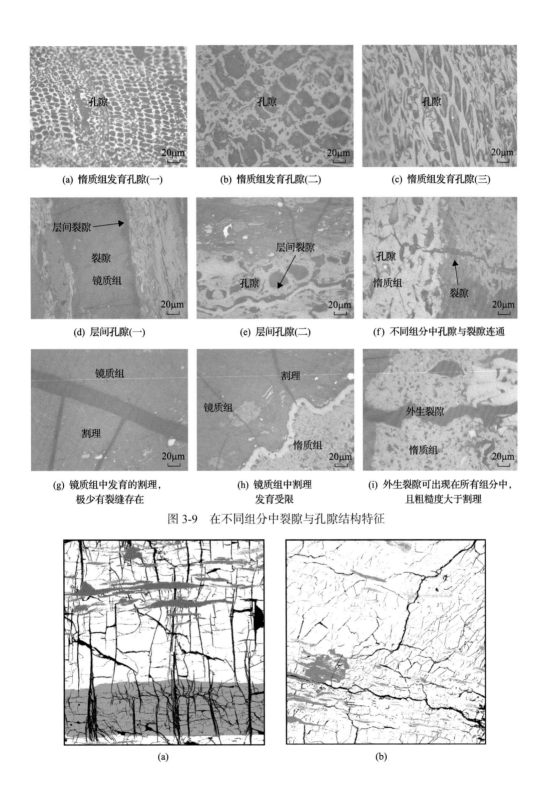

(a) 惰质组发育孔隙(一)　　(b) 惰质组发育孔隙(二)　　(c) 惰质组发育孔隙(三)

(d) 层间孔隙(一)　　(e) 层间孔隙(二)　　(f) 不同组分中孔隙与裂隙连通

(g) 镜质组中发育的割理，
极少有裂缝存在

(h) 镜质组中割理
发育受限

(i) 外生裂隙可出现在所有组分中，
且粗糙度大于割理

图 3-9　在不同组分中裂隙与孔隙结构特征

(a)　　(b)

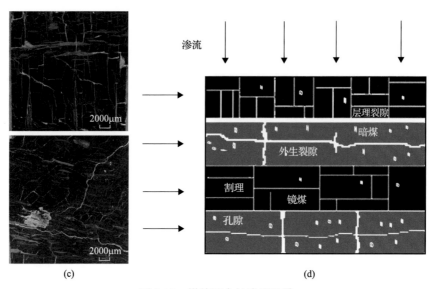

(c)   (d)

图 3-10   煤储层中的渗流通道

(a)和(b)是图像二值化后的图片；(c)通过体视显微镜获取样品照片；(d)是煤储层中的渗流通道。黑色发育裂隙区域为亮煤，不发育裂隙但是有孔隙存在的为暗煤

Niu 等(2017，2018)发现气体吸附诱导的膨胀效应将会影响渗透率的大小，但是本次实验采用无吸附性的氦气，因此，吸附膨胀可以忽略。SSC 实验结果显示平行层理大于垂直层理，通过体视显微镜及偏光显微镜观测，裂隙在 X 和 Y 方向开度最大。当有效应力增加，裂隙空间以及层状的亮煤很容易被压缩。对于 Z 方向渗透率测试，增加的围压压缩着割理，但是具有最大硬度的暗煤条带如骨架一般支撑着 Z 方向(Zou et al.，2016)。增加的有效应力对改变孔隙和裂隙分为三个阶段[图 3-11 中的(a)]：首先，裂隙和孔隙被有效应力压缩；其次，由于突起裂隙壁首先接触，压缩值逐渐接近煤基质压缩值；最后，当压力超过裂隙面受压极限，先闭合的突起面破碎，裂隙被继续压缩。煤中孔隙并不是圆形，在煤沉积过程中，孔隙朝着最小挤压力方向延伸(Duber et al.，2000)。通过偏光显微镜观察到，孔隙大多为拉伸状，方向指向 Z。当有效应力朝着平行层理方向加载，较大的受压面积及孔隙内封存的气体，使孔具有更大的抗压缩性[图 3-11 中的(b)]。Zhao 等(2015)实验发现样品滑移效应贡献率在垂直层理方向最大，面割理方向最小，与本次实验结果保持一致。Z 方向裂隙开度相对平行层理方向最小，随着有效应力的增加，Z 方向的裂隙开度进一步变小，滑移效应更加显著(Mitra et al.，2012)。因此，SSC 表现为平行层理方向大于垂直层理方向。

图 3-7 表明，DP 随着有效应力差的增加而减小。作为主要的渗流通道的大开度裂隙在有效应力下首先被压缩。渗流阻力增加导致渗透率迅速下降。在压力加载的后期(＞7MPa)，微孔闭合数量增加，渗透率下降速率减慢。PLR 变化特征显示在围压加载的早期上升很快，而在后期上升趋势下降。在应力加载的过程中，一些新裂隙的出现可能会导致渗透率的波动，这也导致了在同一样品的平行样品具有不同的渗透率。实验结果显示，滑移因子随着有效应力的增加而增加。在压力加载的前期，渗流的变化主要

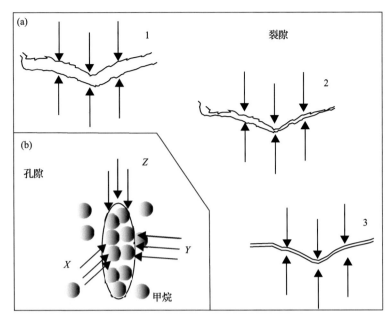

图 3-11　孔裂隙压缩原理图

由裂隙压缩率决定，而当裂隙开度减小到一定程度，滑移效应明显，克林肯贝格渗透率增大，导致气体渗透率下降速率变缓。LY 样品在所有样品中裂隙最发育，三个方向的 PLR 值均为样品中的最小值。这个结果也许可以说明煤中裂隙发育不仅可以提供有效的渗透通道，还可以减少因有效应力的增加而导致的渗透率损失。比较 DP 和 PLR 在三个方向的变化时，可以发现 DP 在 X 和 Y 方向的变化小于在 Z 方向；PLR 在 X 和 Y 方向的变化大于 Z 方向。由于 Z 方向初始渗透率很小且裂隙不发育，导致裂隙发生闭合对渗透率的影响更大。

　　严格来讲，煤是一种非弹性材料，即使能够发生弹性形变，在压缩后也不能够完全恢复到初始状态。当应力达到煤体限度，煤体无法反弹，就会发生机械损伤。在压力卸载的初始阶段，由于压力约束，渗透率回升缓慢。当压力卸载达到 6MPa 时，更多破坏的裂隙开始张开，渗流通道恢复，渗透率回升加快，但是不能完全恢复到初始状态。在本节研究中，IPLR 在垂直方向大于平行层理方向。结合裂隙的压缩性和克林肯贝格效应，卸压时，裂隙重新张开，但是由于压缩时产生的机械损伤及裂隙中充填着碎煤屑，使裂隙开度小于加压时的状态，导致渗透率无法完全恢复。割理的发育受控于具有最小硬度的镜质组，同时垂直于层理，容易在加压过程中受到不可恢复损伤。大量的渗流孔发育于暗煤中，受到破坏后同样容易阻塞渗流路径。各种组分不整合接触产生的层面裂隙对 X、Y 方向的渗透率贡献很大，但由于开度较大，容易被压缩，但是压力卸载渗透率大小容易恢复。垂直层理渗透率很容易被有效应力所影响，但是一旦应力被消除，恢复得很快，这也许是由于滑移效应所产生的影响。Z 方向上，割理扮演着渗透率的主要贡献角色，在挤压力下产生不可逆损失，这是导致渗透率恢复率差的原因。基于这些，不可逆渗透率损失率在 Z 方向最大。

3.3 柱状样品不同方向渗透率变化特征及其主控因素

借助于柱状样品进行渗透率实验在渗透率测试中具有悠久的历史,其易操作性和相对准确性已经得到广泛认可。柱状样品渗透率实验所用的煤样取自沁水盆地南部晋城矿区寺河矿,煤样均为高阶无烟煤。

3.3.1 实验方法和步骤

利用立式钻床在新鲜块煤上分别沿平行层理方向和垂直层理方向钻取直径为50mm 的柱状煤心[图 3-12(a)]。然后利用端磨机将煤心打磨成 $\Phi50\text{mm} \times 100\text{mm}$ 的标准实验煤样[图 3-12(b)],断面平整度控制在 0.1mm 以内,最后将制备好的煤样置于干燥箱内干燥 24h。

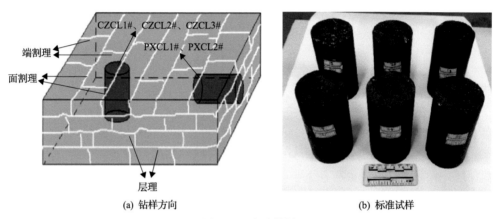

(a) 钻样方向   (b) 标准试样

图 3-12 实验煤样

渗透率实验所用的设备为河南理工大学安全学院设计研发的三轴渗流实验系统(图 3-13),该套装置已经获国家实用新型发明专利授权。该实验系统由加载系统(轴压、围压和气压加载)、夹持装置和计量系统组成,可施加轴压 0~70MPa、围压 0~35MPa、气压 0~10MPa,气体流量质量计量程 0~1000SCCM[①],精度 ±2SCCM。夹持装置中采用热缩套将煤体和前后压头连接,避免气压和围压相通,从而实现对煤样的三轴应力加载和气压加载。

考虑到甲烷的危险性,此次实验采用高纯氦气来研究不同应力作用下煤的渗透性变化规律。详细的实验内容为:①充分考虑外加轴压、围压及气压的作用,以有效应力为变量,测试垂直层理方向和平行层理方向煤的渗透率变化规律,建立煤渗透率与有效应力之间的函数关系式;②分别研究应力加载和卸载条件下煤的渗透率变化规律,对煤的应力敏感性进行评价。

有效应力是指作用于煤层的地应力与存在于孔隙或裂隙中的流体压力之差,本节

---

① SCCM 即为标准立方厘米每分钟(standard cubic centimeter per minute)。

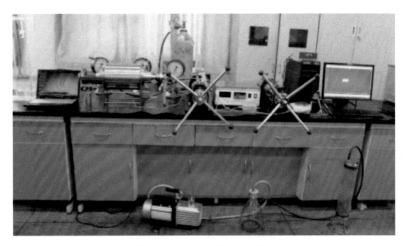

图 3-13 三轴渗流实验系统

实验的有效应力采用平均有效应力来描述(彭守建等，2009)：

$$\delta_e = \frac{1}{3}(\delta_a + 2\delta_r) - \frac{1}{2}(p_1 + p_2)$$ (3-21)

式中，δ_e 为平均有效应力，MPa；δ_a 为轴压，MPa；δ_r 为围压，MPa；p_1 和 p_2 分别为进气端和出气端的气压，MPa。

在室温和气压固定的条件下，轴压分别由 1MPa、5MPa、9MPa、13MPa 和 17MPa 逐级加载，围压分别由 2MPa、4MPa、6MPa、8MPa 和 10MPa 逐级加载。

3.3.2 储层渗透性评价参数

1. 渗透率

对于气体在煤中的流动，一般研究认为其服从达西定律(李祥春等，2010；王登科等，2014)，即

$$q = -\frac{K\partial p}{\mu \partial x}$$ (3-22)

式中，q 为气体流速，cm/s；K 为渗透率，mD；$\partial p / \partial x$ 为压力梯度，MPa/cm；μ 为气体黏度，mPa·s。

经推导，可以得到煤的渗透率计算公式，即

$$K = \frac{2p_0 Q_0 \mu L \times 10^3}{A(p_1^2 - p_2^2)}$$ (3-23)

式中，p_0 为大气压力，MPa；Q_0 为大气压力下气体的体积流量，cm³/s；L 为岩样的长度，cm；A 为岩样的横截面积，cm²。

2. 应力敏感性评价参数

根据石油天然气行业标准（《岩心分析方法：SY/T 5336—2006》《储层敏感性流动实验评价方法：SY/T 5358—2010》《石油野外作业体力劳动强度分级：SY/T 6538—2008》），对储层应力敏感性的评价参数有渗透率最大损失率，不可逆渗透率损失率和有效应力敏感系数(孟召平和侯泉林，2012)。

1)渗透率最大损失率

渗透率最大损失率是在有效应力作用下煤储层渗透率损失的百分数(孟召平和侯泉林，2012)，即：

$$D_K = \frac{K_1 - K_{min}}{K_1} \times 100\% \tag{3-24}$$

式中，D_K 为渗透率最大损失率；K_1 为初始有效应力对应的煤样渗透率，mD；K_{min} 为最大有效应力对应的渗透率，mD。

2)不可逆渗透率损失率

不可逆渗透率损失率反映的是煤储层在有效应力的作用下渗透率不能恢复的程度(孟召平和侯泉林，2012)，用百分数表示，即：

$$D_K' = \frac{K_i - K_j}{K_i} \times 100\% \tag{3-25}$$

式中，D_K' 为不可逆渗透率损失率；K_i 为第 i 个有效应力对应的煤样渗透率，mD；K_j 为有效应力从第 i 个加载至第 j 个又卸载至第 i 个时的渗透率，mD。

3)有效应力敏感系数

虽然在实际地质环境中影响煤层渗透率的因素十分复杂，但是可通过定义渗透率对有效应力的敏感系数来评价煤储层的应力敏感性(彭守建等，2009；孟召平和侯泉林，2012)，即：

$$C_K = -\frac{1}{K}\frac{\Delta K}{\Delta \sigma_e} \tag{3-26}$$

式中，C_K 为渗透率应力敏感系数，MPa^{-1}；ΔK 为渗透率的变化量，mD；$\Delta \sigma_e$ 为有效应力的变化量，MPa。C_K 值越大，表明煤渗透率随着有效应力的变化就越敏感，反之，表明煤渗透率随着有效应力的变化敏感性越差，煤渗透率随有效应力的变化梯度越小。

3.3.3 结果与讨论

1. 轴压对平行层理和垂直层理方向渗透率的影响

平行层理方向样品(PXCL1#、PXCL2#)和垂直层理方向样品(CZCL1#、CZCL2#、

CZCL3#)在不同轴压条件下的实验结果如表 3-3 所示。从表 3-3 中可以看到，寺河矿煤的非均质性非常强，初始测试条件下(气压 0.6MPa、围压 2MPa、轴压 1MPa)垂直层理方向样品的渗透率分布范围为 0.1906～0.6689mD，而平行层理方向样品的渗透率为 0.0942～2.0850mD，平行层理方向煤样的渗透率比垂直层理方向煤样大将近一个数量级。

表 3-3　不同轴压下煤渗透率的测试结果

样品编号	气压/MPa	围压/MPa	逐级加压		逐级卸压	
			加载轴压/MPa	渗透率 K/mD	卸载轴压/MPa	渗透率 K/mD
CZCL1#	0.6	2	1	0.3459	13	0.1082
			5	0.2269	9	0.1364
			9	0.1586	5	0.1898
			13	0.1224	1	0.3074
			17	0.1062		
CZCL2#	0.6	2	1	0.6689	13	0.1147
			5	0.3523	9	0.1529
			9	0.1986	5	0.2867
			13	0.1338	1	0.5734
			17	0.0956		
CZCL3#	0.6	2	1	0.1906	13	0.0942
			5	0.1457	9	0.1081
			9	0.1206	5	0.1276
			13	0.1045	1	0.1639
			17	0.0924		
PXCL1#	0.6	2	1	1.9095	13	1.1202
			5	1.5467	9	1.2389
			9	1.3175	5	1.4566
			13	1.1935	1	1.7022
			17	1.0982		
PXCL2#	0.6	2	1	2.0850	13	1.4216
			5	1.8007	9	1.5164
			9	1.6111	5	1.7059
			13	1.5064	1	1.9334
			17	1.4216		

为了更加直观地展示实验结果和方便进行对比分析，将表中数据绘制成图 3-14。从图 3-14 可以看出，随着轴压的增加，实验煤样的渗透率均呈现有规律地下降。按渗透率下降速度由快及慢依次可分为四个阶段：1～5MPa 阶段、5～9MPa 阶段、9～13MPa 阶段和 13～17MPa 阶段。

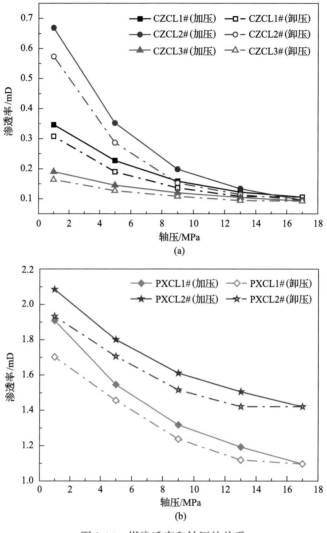

图 3-14 煤渗透率和轴压的关系

（1）当轴压从 1MPa 增加到 5MPa 时，垂直层理方向样品中，CZCL2#煤样渗透率损失率最大，为 47.33%；其次为 CZCL1#煤样，渗透率损失率为 34.40%；CZCL3#煤样的渗透率损失率最小，为 23.56%，垂直层理方向煤样平均渗透率损失率为 35.10%。平行层理方向样品中，PXCL1#煤样的渗透率损失率最大，为 19.00%；其次为 PXCL2#煤样，渗透率损失率为 13.64%，平均渗透率损失率为 16.32%。垂直层理方向煤样与平行层理方向煤样的平均渗透率损失率之差为 18.78%。可以看出，在这一阶段，随着轴压的增加，垂直层理方向煤样对应力的敏感性明显高于平行层理方向煤样，即前者的渗透率损失率更大。

（2）当轴压从 5MPa 增加到 9MPa 时，垂直层理方向样品中，CZCL2#煤样渗透率损失率最大，为 43.63%；其次为 CZCL1#煤样，渗透率损失率为 30.10%；CZCL3#煤样的渗透率损失率最小，为 17.23%，平均渗透率损失率为 30.32%。平行层理方向样品中，

PXCL1#煤样的渗透率损失率最大，为 14.82%；其次为 PXCL2#煤样，渗透率损失率为 10.53%，平行层理方向煤样平均渗透率损失率为 12.67%。垂直层理方向煤样与平行层理方向煤样的平均渗透率损失率之差为 17.64%。由此可见，在这一阶段，随着轴压的增加，垂直层理方向煤样对应力的敏感性依然高于平行层理方向煤样，但垂直层理方向和平行层理方向煤样对应力的敏感性均下降，且两者之间的应力敏感性差异比上一阶段减小。

(3)当轴压从 9MPa 增加到 13MPa 时，垂直层理方向样品中，CZCL2#煤样渗透率损失率仍然为最大，为 32.63%；其次 CZCL1#煤样，渗透率损失率为 22.82%；CZCL3#煤样的渗透率损失率依然最小，为 13.35%，平均渗透率损失率为 22.93%。平行层理方向样品中，PCXL1#煤样的渗透率损失率仍然最大，达到 9.41%；PCXL2#煤样的渗透率损失率仍然为最小，为 6.50%，平均渗透率损失率为 7.96%。垂直层理方向煤样与平行层理方向煤样的平均渗透率损失率之差为 14.98%。由此可见，在这一阶段，随着轴压的增加，垂直层理方向煤样对应力的敏感性仍然高于平行层理方向煤样，且垂直层理方向煤样和平行层理方向煤样对应力的敏感性均继续下降，两者之间的应力敏感性差异较上一阶段继续减小。

(4)当轴压从 13MPa 增加到 17MPa 时，垂直层理方向样品中，CZCL2#煤样渗透率损失率始终最大，为 28.55%；其次为 CZCL1#煤样，渗透率损失率为 13.24%；CZCL3#煤样的渗透率损失率始终最小，为 11.58%，垂直层理方向煤样的平均渗透率损失率为 17.79%。平行层理方向样品中，PXCL1#煤样的渗透率损失率始终最大，为 7.98%；其次为 PXCL2#煤样，渗透率损失率为 5.63%，平均渗透率损失率为 6.81%。垂直层理方向煤样与平行层理方向煤样的平均渗透率损失率之差为 10.98%。由此可见，在气压和围压一定的条件下，随着轴压的增加，垂直层理方向煤样对应力的敏感性始终高于平行层理方向煤样，且随着轴压的增加，两者对应力的敏感性逐渐减小，两者之间的应力敏感性差异也逐渐减小。

此外，从图 3-14 中还可以看出，在轴压逐级卸载的过程中，实验煤样的渗透率均有所恢复，但均不能恢复到原来的数值。从实验煤样的渗透率损失率数据(表 3-4)可以看出：

表 3-4　不同轴压下煤的渗透率损失率

样品编号	渗透率最大损失率/%	平均值/%	不可逆渗透率损失率/%(第 j 个有效应力=17MPa)				
			第 i 个有效应力=1MPa	第 i 个有效应力=5MPa	第 i 个有效应力=9MPa	第 i 个有效应力=13MPa	平均值/%
CZCL1#	69.30	68.84	11.13	16.35	14.00	11.60	13.27
CZCL2#	85.71		14.28	18.62	23.01	14.28	17.55
CZCL3#	51.52		14.01	12.42	10.36	9.86	11.66
PXCL1#	42.49	37.15	10.86	5.83	5.97	6.14	7.20
PXCL2#	31.82		7.27	5.26	5.88	5.63	6.01

(1)垂直层理方向煤样的渗透率最大损失率分布范围在 51.52%～85.71%，平均值为 68.84%；平行层理方向煤样的渗透率最大损失率分布范围在 31.82%～42.49%，平均

值为 37.15%。这一现象表明，在轴压作用下，垂直层理方向煤样的应力敏感性大于平行层理方向煤样，这与前述分析结论一致。Zou 等(2016)通过对我国长焰煤开展不同大小轴压的加载实验，结果发现垂直层理方向煤样的渗透率对轴向应力的敏感性要强于平行层理方向煤样。他们认为，在轴压作用下，垂直层理方向煤样的渗透率代表的是煤中裂隙的渗透率；而平行层理方向煤样的渗透率代表的是层面的渗透率，其裂隙抵抗应力作用损害的能力要比层理差，因此垂直层理方向煤样的渗透率损失率大于平行层理方向煤样的渗透率损失率。

(2)在逐级卸载轴压的过程中，CZCL1#煤样垂直层理方向的不可逆渗透率损失率分布在 11.13%～16.35%，平均值为 13.27%，其中，在轴压卸载至 5MPa 时不可逆渗透率损失率最大；CZCL2#煤样垂直层理方向的不可逆渗透率损失率分布在 14.28%～23.01%，平均值为 17.55，其在轴压卸载至 9MPa 时不可逆渗透率损失率最大；CZCL3#煤样垂直层理方向的不可逆渗透率损失率分布在 9.86%～14.01%，平均值为 11.66%，并且在轴压卸载至 1MPa 时不可逆渗透率损失率最大。由此可见，CZCL2#煤样垂直层理方向的平均不可逆渗透率损失率最大，CZCL1#煤样次之，CZCL3#煤样最小，且煤样的渗透率最大损失率越高，其平均不可逆渗透率损失率值越大。

(3)在轴压的逐级卸载过程中，PXCL1#煤样平行层理方向的不可逆渗透率损失率分布在 5.83%～10.86%，平均值为 7.20%，其在轴压卸载至 1MPa 时不可逆渗透率损失率最大；PXCL2#煤样平行层理方向的不可逆渗透率损失率分布在 5.26%～7.27%，平均值为 6.01%，其也是在轴压卸载至 1MPa 时不可逆渗透率损失率最大。可以看出，PXCL1#煤样平行层理方向的平均不可逆渗透率损失率最大，PXCL2#煤样最小，且煤样的渗透率最大损失率越高，其平均不可逆渗透率损失率值越大。

2. 围压对平行层理和垂直层理方向渗透率的影响

实验煤样在不同围压条件下的渗透率测试结果见表 3-5。

表 3-5 不同围压条件下煤的渗透率测试结果

样品编号	气压/MPa	轴压/MPa	逐级加压		逐级卸压	
			加载围压/MPa	渗透率 K/mD	卸载围压/MPa	渗透率 K/mD
CZCL1#	0.6	1	2	0.3843	8	0.0784
			4	0.2206	6	0.1124
			6	0.1345	4	0.1837
			8	0.0896	2	0.3226
			10	0.0648		
CZCL2#	0.6	1	2	0.6689	8	0.1035
			4	0.3402	6	0.1565
			6	0.1907	4	0.2729
			8	0.1237	2	0.5514
			10	0.0882		

续表

样品编号	气压/MPa	轴压/MPa	逐级加压		逐级卸压	
			加载围压/MPa	渗透率 K/mD	卸载围压/MPa	渗透率 K/mD
CZCL3#	0.6	1	2	0.2096	8	0.0686
			4	0.1327	6	0.0854
			6	0.0991	4	0.1186
			8	0.0795	2	0.1648
			10	0.0664		
PXCL1#	0.6	1	2	1.9286	8	0.2859
			4	0.9375	6	0.4146
			6	0.5286	4	0.7546
			8	0.3468	2	1.4586
			10	0.2494		
PXCL2#	0.6	1	2	2.1497	8	0.2926
			4	0.9864	6	0.4514
			6	0.5535	4	0.7688
			8	0.3523	2	1.5655
			10	0.2514		

同样，为了更加直观地展示实验结果且方便进行对比分析，将表中数据绘制成图 3-15。从图中可以看出，随着围压的增加，实验煤样的渗透率也呈现有规律地下降，并可分为四个阶段：2～4MPa 阶段、4～6MPa 阶段、6～8MPa 阶段和 8～10MPa 阶段。

（1）当围压从 2MPa 增加到 4MPa 时，垂直层理方向样品中，CZCL2#煤样渗透率损失率最大，为 49.14%；其次为 CZCL1#煤样，渗透率损失率为 42.60%；CZCL3#煤样的渗透率损失率最小，为 36.69%，垂直层理方向煤样的平均渗透率损失率为 42.81%。

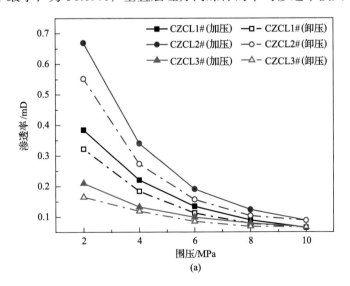

(a)

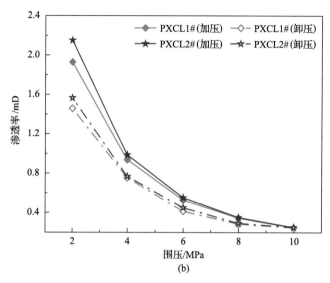

图 3-15 煤渗透率和围压的关系

平行层理方向样品中，PXCL2#煤样的渗透率损失率最大，为 54.11%；其次为 PXCL1# 煤样，渗透率损失率为 51.39%，平均渗透率损失率为 52.75%。平行层理方向煤样与垂直层理方向煤样的平均渗透率损失率之差为 9.94%。可以看出，在这一阶段，随着围压的增加，平行层理方向煤样对应力的敏感性明显高于垂直层理方向煤样，表现为前者的渗透率损失率更大。另外，通过与 1~5MPa 下的轴压进行对比，还可以发现，相同有效应力条件下，围压引起的渗透率损失率远远高于轴压引起的渗透率损失率。

（2）当围压从 4MPa 增加到 6MPa 时，垂直层理样品中，CZCL2#煤样渗透率损失率最大，为 43.94%；其次为 CZCL1#煤样，渗透率损失率为 39.03%；CZCL3#煤样的渗透率损失率最小，为 25.32%，平均渗透率损失率为 36.10%。平行层理样品中，PXCL2# 煤样的渗透率损失率最大，为 43.89%；其次为 PXCL1#煤样，渗透率损失率为 43.62%，平均渗透率损失率为 43.75%。平行层理方向煤样与垂直层理方向的煤样平均渗透率损失率之差为 7.65%。由此可见，在这一阶段，随着围压的增加，实验煤样的渗透率损失率均下降，平行层理方向煤样对应力的敏感性高于垂直层理方向煤样，且两者之间的渗透率损失率的差异比上一阶段减小。另外，通过与 5~9MPa 下的轴压进行对比，可以看出，相同有效应力条件下，围压引起的渗透率损失率大于轴压引起的渗透率损失率。

（3）当围压从 6MPa 增加到 8MPa 时，垂直层理方向样品中，CZCL2#煤样渗透率损失率仍然为最大，为 35.13%；其次为 CZCL1#煤样，渗透率损失率为 33.38%；CZCL3# 煤样的渗透率损失率依然最小，为 19.78%，平均渗透率损失率为 29.43%。平行层理方向样品中，PXCL2#煤样的渗透率损失率最大，达到 36.35%；其次为 PXCL1#煤样，渗透率损失率为 34.39%，平行层理方向煤样的渗透率损失率平均值为 35.37%。平行层理方向煤样与垂直层理方向煤样的平均渗透率损失率之差为 5.94%。可以看出，在这一阶段，随着围压的增加，平行层理方向煤样对应力的敏感性仍然高于垂直层理方向煤样，且两者之间的渗透率损失率的差异变得更小。另外，通过与 9~13MPa 下的轴压进行对比，可以发现，相同有效应力条件下，围压引起的渗透率损失率大于轴压引起的渗透率损失率。

（4）当围压从 8MPa 增加到 10MPa 时，垂直层理方向样品中，CZCL2#煤样渗透率损失率始终为最大，为 28.70%；其次为 CZCL1#煤样，渗透率损失率为 27.68%；CZCL3#煤样的渗透率损失率始终为最小，为 16.48%，平均渗透率损失率为 24.29%。平行层理样品中，PXCL2#煤样的渗透率损失率始终为最大，为 28.64%；PXCL1#煤样的渗透率损失率始终为最小，为 28.09%，平均渗透率损失率为 28.36%。平行层理方向煤样与垂直层理方向煤样的平均渗透率损失率之差为 4.08%。由此可见，轴压和气压一定的条件下，随着围压的增加，平行层理方向煤样和垂直层理方向煤样对应力的敏感性均持续下降，且平行层理方向煤样对应力的敏感性要高于垂直层理方向煤样，且两者之间的应力敏感性差异也逐渐缩小。此外，相同的有效应力作用下，围压引起的渗透率损失率要大于轴压引起的渗透率损失率。

此外，从图 3-15 中还可以看出，在围压逐级卸载的过程中，实验煤样的渗透率均有所恢复，但却都不能恢复到原来的数值。从实验煤样的渗透率损失率数据（表 3-6）中可以看到：

表 3-6　不同围压下煤的渗透率损失率特征

样品编号	渗透率最大损失率/%	平均值/%	不可逆渗透率损失率/%（第 j 个有效应力=10MPa）				
			第 i 个有效应力=2MPa	第 i 个有效应力=4MPa	第 i 个有效应力=6MPa	第 i 个有效应力=8MPa	平均值/%
CZCL1#	83.14	79.42	16.06	16.73	16.43	12.50	15.43
CZCL2#	86.81		17.57	19.78	17.93	16.33	17.90
CZCL3#	68.32		21.37	10.63	13.82	13.71	14.88
PXCL1#	87.07	87.69	24.37	19.51	21.57	17.56	20.75
PXCL2#	88.31		27.18	22.06	18.45	16.95	21.16

（1）垂直层理方向煤样的渗透率最大损失率分布范围在 68.32%～86.81%，平均值为 79.42%；平行层理方向煤样的渗透率最大损失率分布范围在 87.07%～88.31%，平均值为 87.69%。在围压的作用下，平行层理方向和垂直层理方向煤样的渗透率最大损失率均达到了 68% 以上，且远大于轴压作用下的渗透率最大损失率，说明实验煤样对围压的应力敏感性大于对轴压的应力敏感性，这与前述分析结论一致。孙光中等（2016）研究了两种不同煤样的渗透率对轴压和围压变化的响应特征，结果也表明，施加相同大小的应力，围压变化对煤样渗透率的影响远远大于轴压。

（2）在逐级卸载围压的过程中，CZCL1#煤样不可逆渗透率损失率分布在 12.50%～16.73%，平均值为 15.43%，且在围压卸载至 4MPa 时不可逆渗透率损失率最大；CZCL2#煤样不可逆渗透率损失率分布在 16.33%～19.78%，平均值为 17.90%，其在围压卸载至 4MPa 时不可逆渗透率损失率最大；CZCL3#煤样不可逆渗透率损失率分布在 10.63%～21.37%，平均值为 14.88%，该煤样在围压卸载至 2MPa 时不可逆渗透率损失率最大。由此可见，在围压作用下，CZCL2#煤样平均不可逆渗透率损失率最大，CZCL1#煤样次之，CZCL3#煤样最小，且平均不可逆渗透率损失率较轴压作用下的值高。

（3）在逐级卸载围压的过程中，PXCL1#煤样不可逆渗透率损失率分布在17.56%～24.37%，平均值为20.75%，其在围压卸载至2MPa时不可逆渗透率损失率最大；PXCL2#煤样不可逆渗透率损失率分布在16.95%～27.18%，平均值为21.16%，该煤样在围压卸载至2MPa时不可逆渗透率损失率最大。可以看出，PXCL2#煤样平均不可逆渗透率损失率最大，PXCL1#煤样次之，实验煤样的不可逆渗透率损失率值较轴压作用下的值高。

3. 有效应力对平行层理和垂直层理方向渗透率的影响

为了建立煤渗透率与有效应力之间的关系，此次实验进行了多组不同有效应力条件下的煤渗透率测试实验。其中，气压0.6MPa、1.1MPa和1.6MPa下的测试条件相同（轴压1MPa，围压按2MPa、4MPa、6MPa、8MPa、10MPa逐级加压）。实验测试的5个柱状煤样在有效应力作用下的渗透率结果统计在表3-7中，从该表中可以看出，随着有效应力的增加，煤渗透率逐渐减少，且在逐级卸载有效应力的条件下，实验煤样的渗透率均有一定程度的恢复，但都不能恢复到原来的值。实验煤样渗透率(K)与有效应力(σ_e)之间存在负指数相关关系（图3-16），拟合方程为

$$K = be^{-C_K \sigma_e} \tag{3-27}$$

式中，b为比例系数；C_K为有效应力敏感系数。

表 3-7 不同有效应力下煤的渗透率

气压/MPa	有效应力σ_e/MPa	逐级加载条件下的渗透率 K/mD					逐级卸载条件下的渗透率 K/mD				
		CZCL1#	CZCL2#	CZCL3#	PXCL1#	PXCL2#	CZCL1#	CZCL2#	CZCL3#	PXCL1#	PXCL2#
0.6	1.32	0.3843	0.6689	0.2096	1.9286	2.1497	0.3226	0.5514	0.1648	1.4586	1.5655
	2.65	0.2206	0.3402	0.1327	0.9375	0.9864	0.1837	0.2729	0.1186	0.7546	0.7688
	3.98	0.1345	0.1907	0.0991	0.5286	0.5535	0.1124	0.1565	0.0854	0.4146	0.4514
	5.32	0.0896	0.1237	0.0795	0.3468	0.3523	0.0784	0.1035	0.0686	0.2859	0.2926
	6.65	0.0648	0.0882	0.0664	0.2494	0.2514					
1.1	1.07	0.4522	0.7226	0.2411	2.1584	2.4247	0.3826	0.5924	0.2025	1.6786	1.7655
	2.40	0.2845	0.4216	0.1587	1.0889	1.1224	0.2373	0.3429	0.1364	0.8946	0.9474
	3.73	0.1926	0.2545	0.1202	0.6289	0.6385	0.1625	0.2165	0.1054	0.5173	0.5238
	5.07	0.1364	0.1734	0.0973	0.4153	0.4195	0.1184	0.1435	0.0826	0.3459	0.3565
	6.40	0.1028	0.1282	0.0815	0.2992	0.3014					
1.6	0.82	0.6329	0.9465	0.3421	2.8477	3.3721	0.5432	0.7964	0.2925	2.3564	2.6832
	2.15	0.4532	0.6288	0.2568	1.5638	1.7286	0.3873	0.5479	0.2248	1.2584	1.4564
	3.48	0.3483	0.4554	0.2043	0.9289	1.0185	0.3042	0.3865	0.1765	0.7668	0.8575
	4.82	0.2762	0.3484	0.1658	0.6435	0.6828	0.2352	0.2874	0.1482	0.5225	0.5294
	6.15	0.2282	0.2682	0.1457	0.4876	0.4934					

表3-8中详细展示了实验煤样的渗透率与有效应力之间的拟合关系式及相应的应力敏感系数，可以看出，渗透率与有效应力之间存在较好的负指数相关关系，相关系数R^2都达到0.9以上。

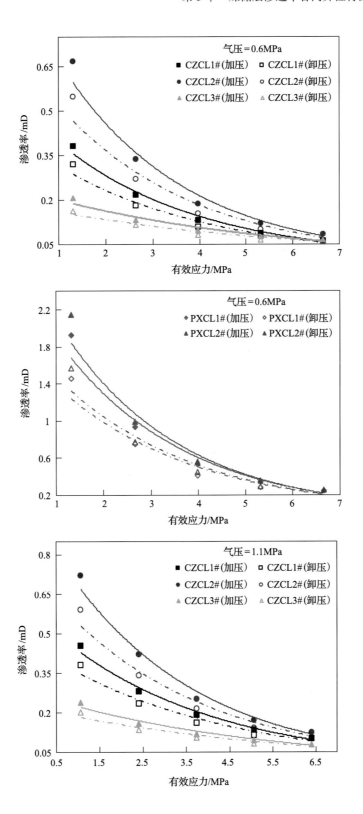

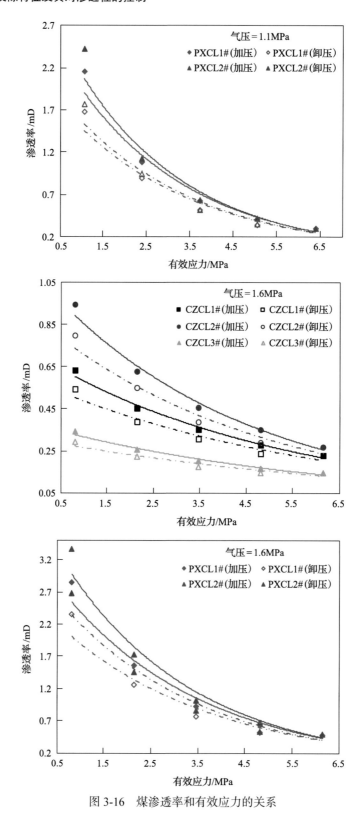

图 3-16 煤渗透率和有效应力的关系

表 3-8 　煤渗透率和有效应力的拟合曲线方程及应力敏感系数

样品编号	气压/MPa	逐级加压			逐级卸压		
		拟合方程	R^2	C_K/MPa^{-1}	拟合方程	R^2	C_K/MPa^{-1}
CZCL1#	0.6	$K=0.554e^{-0.335\sigma_e}$	0.989	0.335	$K=0.430e^{-0.305\sigma_e}$	0.967	0.305
CZCL2#		$K=0.982e^{-0.380\sigma_e}$	0.981	0.380	$K=0.738e^{-0.348\sigma_e}$	0.951	0.348
CZCL3#		$K=0.250e^{-0.211\sigma_e}$	0.964	0.211	$K=0.192e^{-0.177\sigma_e}$	0.935	0.177
PXCL1#		$K=2.776e^{-0.381\sigma_e}$	0.976	0.381	$K=1.936e^{-0.338\sigma_e}$	0.944	0.338
PXCL2#		$K=3.1192e^{-0.399\sigma_e}$	0.975	0.399	$K=2.091e^{-0.347\sigma_e}$	0.952	0.347
CZCL1#	1.1	$K=0.576e^{-0.278\sigma_e}$	0.991	0.278	$K=0.452e^{-0.249\sigma_e}$	0.965	0.249
CZCL2#		$K=0.946e^{-0.278\sigma_e}$	0.986	0.278	$K=0.724e^{-0.295\sigma_e}$	0.959	0.295
CZCL3#		$K=0.273e^{-0.199\sigma_e}$	0.969	0.199	$K=0.219e^{-0.174\sigma_e}$	0.922	0.174
PXCL1#		$K=2.824e^{-0.369\sigma_e}$	0.979	0.369	$K=2.071e^{-0.330\sigma_e}$	0.955	0.330
PXCL2#		$K=3.128e^{-0.387\sigma_e}$	0.972	0.387	$K=2.207e^{-0.339\sigma_e}$	0.956	0.339
CZCL1#	1.6	$K=0.704e^{-0.190\sigma_e}$	0.989	0.190	$K=0.576e^{-0.168\sigma_e}$	0.945	0.168
CZCL2#		$K=1.081e^{-0.233\sigma_e}$	0.990	0.233	$K=0.877e^{-0.212\sigma_e}$	0.957	0.212
CZCL3#		$K=0.372e^{-0.161\sigma_e}$	0.982	0.161	$K=0.306e^{-0.136\sigma_e}$	0.931	0.136
PXCL1#		$K=3.342e^{-0.331\sigma_e}$	0.977	0.331	$K=2.570e^{-0.302\sigma_e}$	0.935	0.302
PXCL2#		$K=3.999e^{-0.358\sigma_e}$	0.979	0.358	$K=3.074e^{-0.330\sigma_e}$	0.949	0.330

　　此外，从表 3-7 和图 3-17 中还可以看出，0.6MPa 气压条件下，实验煤样的有效应力分布在 1.32～6.65MPa。逐级加载有效应力条件下，垂直层理方向煤的有效应力敏感系数分布在 0.211～0.380MPa^{-1}，平均为 0.309MPa^{-1}；平行层理方向煤的有效应力敏感系数分布在 0.381～0.399MPa^{-1}，平均为 0.390MPa^{-1}。逐级卸载有效应力条件下，垂直层理方向煤的有效应力敏感系数分布在 0.177～0.348MPa^{-1}，平均为 0.277MPa^{-1}；平行层理方向煤的有效应力敏感系数分布在 0.338～0.347MPa^{-1}，平均为 0.343MPa^{-1}。可以看出，平行层理方向煤的平均应力敏感系数大于垂直层理方向煤的平均应力敏感系数，

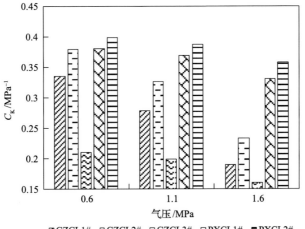

(a) 逐级加载有效应力

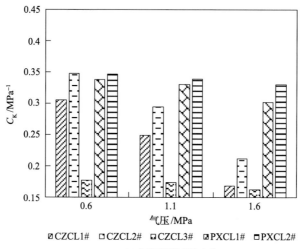

(b) 逐级卸载有效应力

图 3-17 煤有效应力敏感系数与气压之间的关系

且实验煤样在加载应力条件下的应力敏感系数高于卸载应力条件下的应力敏感系数。

1.1MPa 气压条件下，实验煤样的有效应力分布在 1.07～6.40MPa。逐级加载有效应力条件下，垂直层理方向煤的有效应力敏感系数分布在 0.199～0.326MPa^{-1}，平均为 0.268MPa^{-1}；平行层理方向煤的有效应力敏感系数分布在 0.369～0.387MPa^{-1}，平均为 0.378MPa^{-1}。逐级卸载有效应力条件下，垂直层理方向煤的有效应力敏感系数分布在 0.174～0.295MPa^{-1}，平均为 0.239MPa^{-1}；平行层理方向煤的有效应力敏感系数分布在 0.330～0.339MPa^{-1}，平均为 0.335MPa^{-1}。可以看出，随着气压的增高，有效应力减小，实验煤样的有效应力敏感系数减小，说明实验煤样的应力敏感性下降。此外，在该气压条件下，平行层理方向煤样的平均应力敏感系数高于垂直层理方向煤样，且实验煤样在加载应力条件下的应力敏感系数高于卸载应力条件下的应力敏感系数。

1.6MPa 气压条件下，实验煤样的有效应力分布在 0.82～6.15MPa。逐级加载有效应力条件下，垂直层理方向煤的有效应力敏感系数分布在 0.161～0.233MPa^{-1}，平均为 0.195MPa^{-1}；平行层理方向煤的有效应力敏感系数分布范围在 0.331～0.358MPa^{-1}，平均为 0.345MPa^{-1}。逐级卸载有效应力条件下，垂直层理方向煤的有效应力敏感系数分布范围在 0.136～0.212MPa^{-1}，平均为 0.172MPa^{-1}；平行层理方向煤的有效应力敏感系数分布范围在 0.302～0.330MPa^{-1}，平均为 0.316MPa^{-1}。可以看出，随着气压的进一步增加，实验煤样的有效应力敏感系数进一步下降，平行层理方向煤样的平均应力敏感性始终高于垂直层理方向煤样，且实验煤样在加载应力条件下的有效应力敏感系数高于卸载应力条件下的应力敏感系数。

3.3.4 微裂隙对煤储层渗透率的控制机理

煤储层中气体的渗流主要受煤中裂隙的控制，尤其是煤储层中裂隙开度对渗透率起着关键性的控制作用。以沁水盆地南部晋城矿区寺河矿的高阶无烟煤为例，研究裂隙对煤储层渗透性的控制作用。

前人研究认为,煤储层渗透率与裂隙开度的 3 次方呈正比关系(McKee et al.,1988;秦勇和叶建平,1999)。假设煤岩被一组具有固定开度(或平均开度)的平行裂隙切割成大小相等的煤基质块体,Louis(1969)认为裂隙的渗透率和裂隙开度之间存在如下关系:

$$K_f = c\beta \frac{\gamma b^3}{12\mu s} \tag{3-28}$$

式中,K_f 为裂隙渗透率;b 为裂隙的平均开度;γ 为流体的单位重量;μ 为流体的动力黏度;s 为裂隙间的平均间距;c 为与裂隙表面粗糙度相关的常数;β 为描述裂隙连通性的常数。式(3-28)表明,煤储层渗透率对裂隙开度高度敏感。

假设微裂隙的可压缩性随有效应力的增加呈指数下降,McKee 等(1988)通过引入裂隙的平均压缩系数,推导出了有效应力与渗透率之间的关系:

$$K = K_0 e^{(-3\overline{C_f}\Delta\sigma)} \tag{3-29}$$

式中,$\Delta\sigma$ 为有效应力的变化量,$\Delta\sigma = \sigma - \sigma_0$,MPa;$\overline{C_f}$ 为平均裂隙压缩系数,MPa^{-1},是有效应力的函数,其表达式为

$$\overline{C_f} = \frac{C_{f0}}{\alpha(\sigma - \sigma_0)}\left(1 - e^{-\alpha(\sigma - \sigma_0)}\right) \tag{3-30}$$

其中,C_{f0} 为有效应力为 σ_0 时的裂隙压缩系数;α 为裂隙开度随有效应力增加而减小的比率。对式(3-29)两侧取对数,即可变形为

$$\ln\frac{K}{K_0} = -3\overline{C_f}(\sigma - \sigma_0) \tag{3-31}$$

因此,微裂隙的平均压缩度值即可通过函数 $\ln(K/K_0)$-$(\sigma - \sigma_0)$ 的斜率求解出来。图 3-18 展示的是实验煤样在不同气压条件下微裂隙的平均压缩度值。从该图中可以看出,微裂隙的压缩度值不是固定不变的,不仅同一气压条件下不同煤中微裂隙平均压

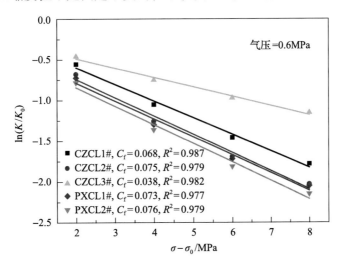

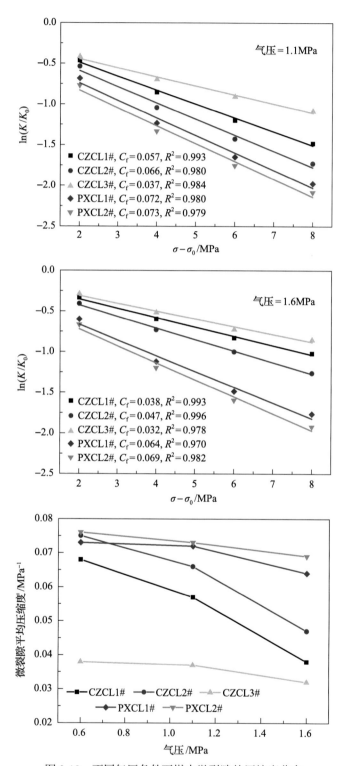

图 3-18　不同气压条件下煤中微裂隙的压缩度分布

缩度值不同，同一样品在不同气压条件下的微裂隙平均压缩度值也不同。

由图 3-18 可知，0.6MPa 气压条件下，垂直层理方向煤样的微裂隙压缩度值在 0.038～0.075MPa^{-1}，平均值为 0.060MPa^{-1}；平行层理方向煤样的微裂隙压缩度值在 0.073～0.076MPa^{-1}，平均值为 0.075MPa^{-1}。1.1MPa 气压条件下，垂直层理方向煤样的微裂隙压缩度值在 0.037～0.066MPa^{-1}，平均值为 0.053MPa^{-1}；平行层理方向煤样的微裂隙压缩度值在 0.072～0.073MPa^{-1}，平均值为 0.072MPa^{-1}。1.6MPa 气压条件下，垂直层理方向煤样的微裂隙压缩度值在 0.032～0.047MPa^{-1}，平均值为 0.039MPa^{-1}；平行层理方向煤样的微裂隙压缩度值在 0.064～0.069MPa^{-1}，平均值为 0.067MPa^{-1}。可以看出，在每一个气压条件下，平行层理方向煤样的微裂隙平均压缩度都大于垂直层理方向煤样的微裂隙平均压缩度，说明平行层理方向煤样相比垂直层理方向煤样对有效应力作用更加敏感。而且，随着气压增加，平行层理方向煤样和垂直层理方向煤样的微裂隙平均压缩度均开始下降，说明气压的增加促使孔隙压力增大，减小了应力对微裂隙的压缩作用，因此微裂隙平均压缩度减小。

综上所述，实验煤样中微裂隙开度随有效应力的减小最终导致了煤渗透率在应力作用下的降低。实验气压段内，平行层理方向煤样微裂隙平均压缩度大于垂直层理方向煤样微裂隙平均压缩度的现象，说明平行层理方向煤样更容易受到应力作用的损害，这也是前述平行层理方向煤样的渗透率损失率和有效应力敏感系数高于垂直层理方向煤样的根本原因。

煤在初始有效应力作用下，裂隙有闭合的趋势，从而导致气体渗流速度减慢，渗透率也随之降低。随着有效应力的增加，煤中裂隙逐渐被压紧甚至闭合，裂隙开度的迅速减小导致煤样的渗透率急剧降低。由于煤中裂隙被压密闭合产生不可恢复的塑性变形，裂隙不会重新张开，因此渗透率得不到有效恢复，导致降压后不可逆渗透率损失率相对较高(孟召平和侯泉林，2012)。孟召平和侯泉林(2012)认为，当裂隙面法向力 σ_n 为压应力时，随着应力的增加，裂隙会产生法向压缩变形，开始先为点或线接触，经过挤压、局部破碎或劈裂，接触面增加，裂隙面压缩量呈指数曲线特征，煤储层渗透率急剧下降。因此，应力对煤渗透性的控制其实是通过对煤中裂隙开度的控制来实现的。

围压对渗透率的影响要大于轴压，因为围压有阻碍轴向变形和环向压密的作用(尹光志等，2010)。当轴压和气压一定时，围压越大，煤所受压力产生环向变形导致孔隙和裂隙趋于闭合，气体的渗流通道变窄，气体流动速度减小，渗透率也就减小。由于气体沿轴向流动，随着围压的增加，裂隙宽度变窄，加剧了渗透率减小的幅度(李文璞等，2011)。陈世达等(2017)认为，平行层理方向煤样的渗透率对有效应力的敏感性要强于垂直层理方向煤样。

尽管实验煤样取自相同的矿区，成煤环境相同，但是煤是一种非均质性非常强的岩石，煤样之间存在孔隙结构上的差异，正是这些差异造成煤样的渗透率也有所不同。刘大锰等(2015)认为，煤岩组分在垂向和横向上的差异直接导致微裂隙发育的非均质性，进而影响煤储层渗透率的空间变化。Huy 等(2010)认为，在有效应力作用下，煤中微裂隙内部的渗流通道变窄，有些通道甚至发生完全闭合，从而导致煤储层渗透率下降。Zhang 等(2016)结合微米 CT 扫描和加压设备，成功对煤样进行了加压扫描，并观察到了随着有效应力的增加煤中微裂隙开度逐渐减小直至闭合现象(图3-19)。因此，在高有效应力下煤储层中的裂隙，尤其是微裂隙的开度会减小，甚至闭合，导致煤储层渗透率出现了急剧下降的现象。

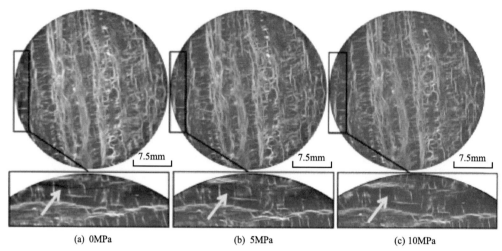

(a) 0MPa   (b) 5MPa   (c) 10MPa

图 3-19　有效应力作用下煤中微裂隙的变化(据 Zhang 等，2016)

总而言之，在煤层气开发过程中，随着水、气介质的排出，煤储层压力逐渐下降，导致煤储层有效地应力的增加，煤储层中微裂隙和割理被压缩，甚至闭合，煤岩发生显著的弹塑性变形，从而使煤储层渗透率明显下降。因此在煤层气井排水降压采气的生产过程中，要采取先小后大的排量来控制生产流量，防止煤储层应力敏感性对煤层气井产能的影响。

参 考 文 献

薄冬梅, 赵永军, 姜林. 2008. 煤储层渗透性研究方法及主要影响因素. 油气地质与采收率, 15(1): 18-21

陈刚, 秦勇, 杨青, 等. 2014. 不同煤级煤储层应力敏感性差异及其对煤层气产出的影响. 煤炭学报, 39(3): 504-509

陈世达, 汤达桢, 高丽军, 等. 2017. 有效应力对高煤级煤储层渗透率的控制作用. 煤田地质与勘探, 45(4): 76-80

大塚一雄, 吴永满. 1984. 煤层瓦斯渗透性研究——关于粉煤压缩成型的渗透率. 煤矿安全, (4): 43-49, 53

傅雪海, 秦勇, 姜波, 等. 2003. 山西沁水盆地中—南部煤储层渗透率物理模拟与数值模拟. 地质科学, 38(2): 221-229

高建平. 2008. 准噶尔盆地南缘东段山前带构造特征与油气基本地质条件. 西安: 西北大学

李文璞, 王孟来, 唐强. 2011. 不同应力组合条件下煤岩渗透率的试验. 现代矿业, 27(3): 16-19

李祥春, 聂百胜, 刘芳彬, 等. 2010. 三轴应力作用下煤体渗流规律实验. 天然气工业, 30(6): 19-21

林柏泉, 周世宁. 1987. 煤样瓦斯渗透率的实验研究. 中国矿业学院学报, (01): 24-31

刘大锰, 李振涛, 蔡益栋. 2015. 煤储层孔-裂隙非均质性及其地质影响因素研究进展. 煤炭科学技术, 43(2): 10-15

孟召平, 侯泉林. 2012. 煤储层应力敏感性及影响因素的试验分析. 煤炭学报, 37(3): 430-437

孟召平, 侯泉林. 2013. 高煤级煤储层渗透性与应力耦合模型及控制机理. 地球物理学报, 56(2): 667-675

裴柏林, 张遂安, 郝杰, 等. 2015. 真三轴应力作用下煤样三维渗透率与地应力耦合关系研究. 中国煤炭, 11: 31-36

彭守建, 许江, 陶云奇, 等. 2009. 煤样渗透率对有效应力敏感性实验分析. 重庆大学学报, 32(3): 303-307

秦勇, 叶建平. 1999. 中国煤储层岩石物理学因素控气特征及机理. 中国矿业大学学报, 28(1): 14-19

孙光中, 郭兵兵, 王公忠, 等. 2016. 两种煤样渗透率对轴压及围压变化响应特征的试验研究. 科学技术与工程, 16(14): 132-136

王登科, 魏建平, 付启超, 等. 2014. 基于 Klinkenberg 效应影响的煤体瓦斯渗流规律及其渗透率计算方法. 煤炭学报, 39(10): 2029-2036

王镜惠, 梅明华, 刘娟, 等. 2020. 基于分形理论的高煤级煤岩渗透率计算方法研究与应用. 当代化工, 49(7): 1356-1359, 1364

王平全, 陶鹏, 刘建仪, 等. 2017. 基于数字岩心的低渗透率储层微观渗流和电传导数值模拟. 测井技术, 11(4): 389-393

尹光志, 黄启翔, 张东明, 等. 2010. 地应力场中含瓦斯煤岩变形破坏过程中瓦斯渗透特性的试验研究. 岩石力学与工程学报, 29(2): 336-343

张遂安, 曹立虎, 杜彩霞. 2014. 煤层气井产气机理及排采控压控粉研究. 煤炭学报, 39(9): 1927-1931

Anderson E M. 1951. The Dynamics of Faulting and Dyke Formation with Application to Britain. 2nd ed. Edinburgh: Oliver & Boyd

Beskok A, Karniadakis G E. 1999. A model for flows in channels pipes, and ducts at micro and nano scales. Microscale Thermophys Engineering, 3: 43-77

Cai Y D, Liu D M, Pan Z J, et al. 2013. Pore structure and its impact on CH_4 adsorption capacity and flow capability of bituminous and subbituminous coals from Northeast China. Fuel, 103: 258-268

Chen Z W, Liu J S, Pan Z J, et al. 2012. Influence of the effective stress coefficient and sorption-induced strain on the evolution of coal permeability: Model development and analysis. International Journal of Greenhouse Gas Control, 8(5): 101-110

Chen, Y X, Liu D M, Yao Y B, et al. 2015. Dynamic permeability change during coalbed methane production and its controlling factors. Journal of Natural Gas Science and Engineering, 25: 335-346

Connell L D. 2009. Coupled flow and geomechanical processes during gas production from coal seams. International Journal of Coal Geology, 79(1): 18-28

Connell L D, Lu M, Pan Z J. 2010. An analytical coal permeability model for tri-axial strain and stress conditions. International Journal of Coal Geology, 84(2): 103-114

Cui X J, Bustin R M. 2005. Volumetric strain associated with methane desorption and its impact on coalbed gas production from deep coal seams. AAPG Bulletin, 89(9): 1181-1202

Cui X J, Bustin R M, Chikatamarla L. 2007. Adsorption-induced coal swelling and stress, implications for methane production and acid gas sequestration into coal seams. Journal of Geophysical Research Solid Earth, 112(B10): 1-16

Deng J, Zhu W Y, Ma Q. 2014. A new seepage model for shale gas reservoir and productivity analysis of fractured well. Fuel, 124: 232-240

Duber S, Pusz S, Kwiecin'ska B K, et al. 2000. On the optically biaxial character and heterogeneity of anthracites. International Journal of Coal Geology, 44: 227-250

Firouzi M, Alnoaimi K, Kovscek A, et al. 2014. Klinkenberg effect on predicting and measuring helium permeability in gas shales. International Journal of Coal Geology, 123: 62-68

Fu X H, Qin Y, Zhang W H, et al. 2005. Fractal classification and natural classification of coal pore structure based on migration of coal bed methane. Chinese Science Bulletin, 50: 166-171

Gamson P D, Beamish B B, Johnson D P. 1993. Coal microstructure and micropermeability and their effects on natural gas recovery. Fuel, 2: 87-99

Geng Y G, Tang D Z, Xu H, et al. 2017. Experimental study on permeability stress sensitivity of reconstituted granular coal with different lithotypes. Fuel, 202: 12-22

Gensterblum Y, Ghanizadeh A M, Krooss B. 2014. Gas permeability measurements on Australian subbituminous coals: Fluid dynamic and poroelastic aspects. Journal of Natural Gas Science and Engineering, 19: 202-214

Gentzis T, Deisman N, Chalaturnyk R J. 2007. Geomechanical properties and permeability of coals from the Foothills and Mountain regions of western Canada. International Journal of Coal Geology, 69: 153-164

Gray I. 1987. Reservoir engineering in coal seams: Part 1-The physical process of gas storage and movement in coal seams. SPE Reservoir Engineering, 2(1): 28-34

Huy P Q, Sasaki K, Sugai Y, et al. 2010. Carbon dioxide gas permeability of coal core samples and estimation of fracture aperture width. International Journal of Coal Geology, 83(1): 1-10

Klinkenberg L J. 1941. The permeability of porous media to liquids and gases. Production Practice: 200-213

Koenig P A, Stubbs P B. 1986. Interference testing of a coal-bed methane reservoir. SPE Unconventional Gas Technology Symposium, Louisville

Kožušníková A. 2009. Determination of microhardness and elastic modulus of coal components by using indentation method. Geology Lines, 22: 40-43

Langenberg W, Kalkreuth W. 1991. Reflectance anisotropy and syn-deformational coalification of the Jewel seam in the Cadomin area, Alberta, Canada. International Journal of Coal Geology, 19: 303-317

Laubach S E, Marrett R A, Olson J E, et al. 1998. Characteristics and origins of coal cleat: A review. International Journal of Coal Geology, 35: 175-207

Li Y, Tang D Z, Xu H, et al. 2014. Experimental research on coal permeability: The roles of effective stress and gas slippage. Journal of Natural Gas Science and Engineering, 21:481-488

Liu H H, Rutqvist J. 2010. A new coal-permeability model: Internal swelling stress and fracture-matrix interaction. Transport in Porous Media, 82(1): 157-171

Liu X, Civan F, Evans R D. 1995. Correlation of the non–Darcy flow coefficient. Journal of Canadian Petroleum Technology, 34: 50-54

Louis C. 1969. A study of groundwater flow in jointed rock and its influence of the stability of rock masses. London: Imperial College Rock Mechanics Report

McKee C R, Bumb A C, Koenig R A. 1988. Stress-dependent permeability and porosity of coal and other geologic formations. SPE Formation Evaluation, 3(1): 81-91

Meng Z P, Li G Q. 2013. Experimental research on the permeability of high-rank coal under a varying stress and its influencing factors. Engineering Geology, 162: 108-107

Mitra A, Harpalani S, Liu S M. 2012. Laboratory measurement and modeling of coal permeability with continued methane production: Part 1-Laboratory results. Fuel, 94: 110-116

Niu Q H, Cao L W, Sang S X, et al. 2017. The adsorption-swelling and permeability characteristics of natural and reconstituted anthracite coals. Energy, 141: 2206-2217

Niu Q H, Cao L W, Sang S X, et al. 2018. Anisotropic adsorption swelling and permeability characteristics with injecting CO_2 in coal. Energy & Fules, 32 (2): 1979-1991

Palmer I, Mansoori J. 1996. How permeability depends on stress and pore pressure in coalbeds: A new model. SPE Reservoir Evaluation & Engineering, 1(6): 539-544

Pan Z J, Connell L D. 2012. Modelling permeability for coal reservoirs: A review of analytical models and testing data. International Journal of Coal Geology, 92: 1-44

Pan Z J, Connell L D, Camilleri M. 2010. Laboratory characterisation of coal permeability for primary and enhanced coalbed methane recovery. International Journal of Coal Geology, 82: 252-261

Pan Z J, Ma Y, Connell L D, et al. 2015. Measuring anisotropic permeability using a cubic shale sample in a triaxial cell. Engineering, 26: 336-344

Robertson E P, Christiansen R L. 2006. A permeability model for coal and other fractured, sorptive-elastic media. Society of Petroleum Engineers

Seidle J. 2011. Fundamentals of Coalbed Methane Reservoir Engineering. Tulsa: PennWell Corporation

Seidle J P, Jeansonne M W, Erickson D J. 1992. Application of matchstick geometry to stress dependent permeability in coals// SPE Rocky Mountain Regional Meeting, Casper, Wyoming

Shi J Q, Durucan S. 2005. A model for changes in coalbed permeability during primary and enhanced methane recovery. SPE Reservoir Evaluation & Engineering, 8(4): 291-299

Ting F T C. 1977. Origin and spacing of cleats in coal beds. Journal of Pressure Vessel Technology, 99(4): 624-626

Wang S G, Elsworth D, Liu J S. 2011. Permeability evolution in fractured coal: The roles of fracture geometry and water-content. International Journal of Coal Geology, 87(1): 13-25

Wang Z Z, Pan J N, Hou Q L, et al. 2018a. Anisotropic characteristics of low-rank coal fractures in the Fukang mining area, China. Fuel, 211: 182-193

Wang Z Z, Pan J N, Hou Q L, et al. 2018b. Changes in the anisotropic permeability of low-rank coal under varying effective stress in Fukang mining area, China. Fuel, 234: 1481-1497

Weniger S, Weniger P, Littke R. 2016. Characterizing coal cleats from optical measurements for CBM evaluation. International Journal of Coal Geology, 154-155: 176-192

Witherspoon P A, Wang J S Y, Iwai K, et al. 1979. Validity of Cubic law for Fluid Flow in a Deformable Rock Fracture. Berkeley: Lawrence Berkeley Laboratory University of California

Wu Y S, Pruess K, Persoff P. 1998. Gas flow in porous media with Klinkenberg effects. Transport in Porous Media, 32: 117-137

Yao Y B, Liu D M, Tang D Z, et al. 2009. Fractal characterization of seepage-pores of coals from China: An investigation on permeability of coals. Computers & Geosciences, 35: 1159-1166

Yi J, Xing H L. 2017. Pore-scale simulation of effects of coal wettability on bubble-water flow in coal cleats using lattice Boltzmann method. Chemical Engineering Science, 161: 57-66

Zhang J, Standifird W B, Roegiers J C, et al. 2007. Stress-dependent fluid flow and permeability in fractured media: From lab experiments to engineering applications. Rock Mechanics and Rock Engineering, 40(1): 3-21

Zhang Y H, Xu X M, Lebedev M, et al. 2016. Multi-scale X-ray computed tomography analysis of coal microstructure and permeability changes as a function of effective stress. International Journal of Coal Geology, 165: 149-156

Zhao J L, Tang D Z, Lin W J, et al. 2015. Permeability dynamic variation under the action of stress in the medium and high rank coal reservoir. Journal of Natural Gas Science and Engineering, 26: 1030-1041

Zhao J L, Xu H, Tang D Z, et al. 2016. Coal seam porosity and fracture heterogeneity of macrolithotypes in the Hancheng Block, eastern margin, Ordos Basin, China. International Journal of Coal Geology, 159: 18-29

Zou J P, Chen W Z, Yang D S, et al. 2016. The impact of effective stress and gas slippage on coal permeability under cyclic loading. Journal of Natural Gas Science and Engineering, 31: 236-248

第 4 章
三维微裂隙网络结构的渗流模拟

目前，数值离散方法越来越能可靠地模拟复杂地质结构中的流动和运移过程（Geiger et al., 2012）。数值模拟是研究岩石渗流性质的重要方法，通过模拟岩石中流体的运动和分布状态，来确定各种流体在岩石中的绝对渗透率，研究微观尺度的渗流机理，为储层评价提供依据（雷健等，2018）。利用数值模拟方法可以减少实验室渗流实验，省时省力且直观准确。目前，基于 CT 扫描技术的数字岩心能真实反映实际岩心的微观性质，利用数字岩心进行渗流模拟是近年来渗流模拟的重要方向之一。

4.1 最大连通域提取

数值建模中常常需要使用孔隙的数字信息，然而未经连通域检测和筛选的信息通常存在很多冗余，例如，死连通域会增加不必要的计算量。因此，在进行数值模拟之前需要首先对数据体进行孔隙连通域检测。在第 2 章中，运用纳米 CT 扫描技术，可以发现在煤样 HB02 中存在连通性非常好的微裂隙网络，因此本章将对该煤样进行单相水流和甲烷气体的渗流模拟研究。

首先对煤样 HB02 经过一系列图像预处理后的 1020 张纳米 CT 切片图在 Avizo 软件中进行三维重构。利用分水岭算法对数据体进行阈值分割，详细的操作步骤在第 2 章中已论述，此处不再赘述。然后对提取的裂隙网络进行连通性分析，为减少计算机内存计算量，我们截取出了 X、Y 和 Z 方向像素为 $299 \times 299 \times 299$ 的数据体，并从中提取出了最大连通体，连通体的体积为 $794 \mu m^3$（图 4-1）。

4.2 Avizo 中单相水流渗流模拟

煤层气独特的吸附态赋存特征决定了其产出的先决条件是由吸附态转变为游离态（张遂安等，2014）。煤层气开采首先通过排水来降低储层内流体压力，从而使吸附态的煤层气发生解吸，由吸附态变为游离态，为煤层气的产出提供条件（张遂安等，2014）。然而在煤层气开采过程中，排水过快会造成气水产量锐减。因此，煤层气井排水降压采气过程中应合理控制生产压差，保持缓慢—持续—稳定的排采工作制度，防止煤储层应力敏感性对煤层气产出的影响（陈刚等，2014）。

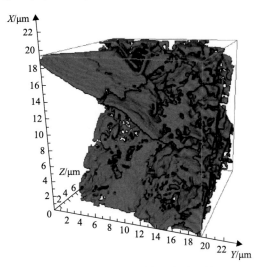

图 4-1　纳米尺度裂隙最大连通体

4.2.1　不可压缩斯托克斯方程

为了计算水流的绝对渗透率，需要首先对斯托克斯方程组进行求解：

$$\vec{\nabla} \cdot \vec{V} = 0 \tag{4-1}$$

$$\mu \nabla^2 \vec{V} - \vec{\nabla} p = \vec{0} \tag{4-2}$$

式中，$\vec{\nabla}\cdot$ 为散度算符；$\vec{\nabla}$ 为梯度算符；∇^2 为拉普拉斯算符；$\vec{V}$ 为流体的速度；μ 为流体的动力黏度；p 为流体压力。

该方程组是对纳维-斯托克斯（N-S）方程的简化，适用条件为：不可压缩流体（密度恒定流体）、牛顿流体（动力黏度固定流体）、稳态流（速度随时间不变）和层流（低雷诺数下的流动，不产生湍流）。成功求解斯托克斯方程组后，即可应用达西定律求解绝对渗透率。

4.2.2　绝对渗透率求解

绝对渗透率是指多孔材料允许单相流体通过的能力。对于不可压缩流体，可以用达西定律求解绝对渗透率：

$$K = \frac{Q\mu L}{A\Delta p} \tag{4-3}$$

式中，Q 为流速，m^3/s；K 为绝对渗透率，m^2；Δp 为沿渗流路径 L 上的压差，Pa；A 为流体通过的裂隙网络的横截面积，m^2；μ 为流体的动力黏度，$Pa\cdot s$。

4.2.3 参数设置

本节单相水流在微裂隙网络中的渗流模拟是运用 Avizo 软件中的绝对渗透率实验模拟模块（Avizo XLab Hydro Extension）进行的。实验原理为：在实验装置的入口端设置输入压力，在实验装置的出口端设置输出压力，由于孔裂隙空间被固体边界封闭，所以出入口的流量保持不变（图 4-2）。边界条件为：①假设在流体-固体界面无滑移产生；②在不垂直于水流流动方向的图像表面上增加一个体素宽的固相平面，从而使孔裂隙空间与外界隔绝开来，确保没有流体流出系统；③在垂直于水流流动方向的图像表面增加实验装置。单相水流的渗流模拟界面如图 4-3 所示，系统默认的入口压力为 0.13MPa，出口压力为 0.1MPa，水流的黏度为 0.001Pa·s，模拟所需的计算机 CPU＞32G。

图 4-2　单相水流渗流模拟示意图

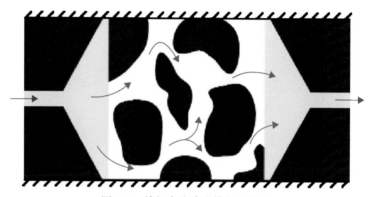

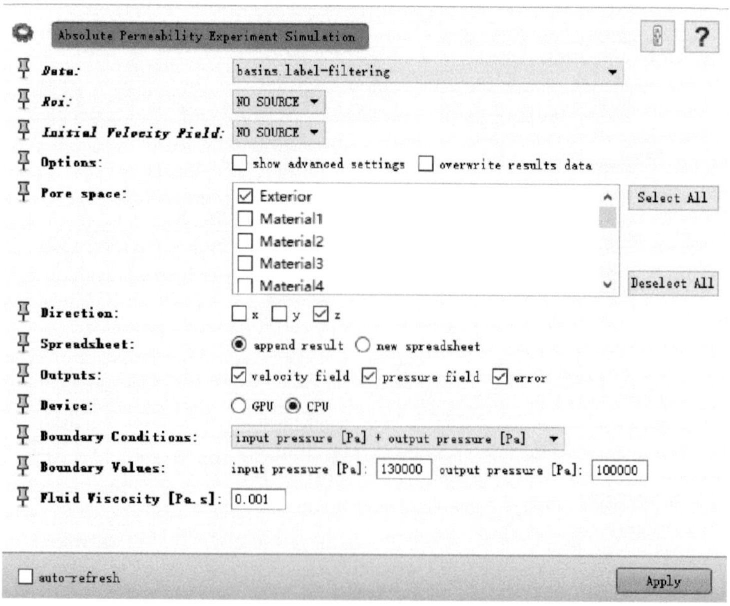

图 4-3　绝对渗透率模拟界面

4.2.4　模拟结果与讨论

此次分别在 X、Y、Z 三个方向上进行了单相水流的渗流模拟，模拟结果如表 4-1 所示。从表 4-1 可以看出，水流在三个方向上的渗透率不同，反映出纳米尺度微裂隙网络结构内部具有强烈的非均质性。其中，Y 轴方向上渗透率最大，为 0.291mD；其次为 X 轴方向，渗透率为 0.258mD；Z 轴方向上渗透率最小，为 0.184mD。Somerton 等（1975）提出了裂隙渗透率的计算公式：

$$K_{\mathrm{f}} = \frac{10^8 W^3}{12A} \tag{4-4}$$

式中，W 为裂隙宽度，cm；A 为裂隙的横截面积，cm^2。可以看出，裂隙宽度是影响渗透率大小的最直接因素。根据本节水流的渗透率模拟结果，可以推断出，纳米尺度微裂隙网络在 Z 轴方向上的平均裂隙宽度最小，其次为 X 轴方向和 Y 轴方向。

表 4-1　纳米尺度裂隙绝对渗透率模拟结果

方向	渗透率/mD	平均值/mD
X	0.258	
Y	0.291	0.244
Z	0.184	

进一步对渗透率模拟生成的速度场进行照明流线（illuminated streamlines）操作，即可得到三个方向上的速度场流线图，如图 4-4 所示。可以从图中看出，水流在三个方向上的渗流速度不同，不同颜色代表的速度不同，红色代表的流速大，紫色代表的流速小。

(a) X 轴方向

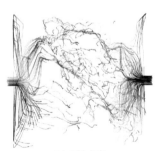
(b) Y 轴方向

(c) Z 轴方向

图 4-4　不同方向水流速度流线图

根据修正后的 K-C 方程[式(4-2)]，经过计算，得到该微裂隙网络最大连通体的迂曲度为 1.46，因此，该最大连通微裂隙网络体的预测渗透率值为 0.167mD。

表 4-2 为不同测试方法下渗透率值的对比结果，从该表中可以看出，三种方法计算得到的渗透率值近似，且在同一个数量级上，说明在煤样 HB02 中，纳米尺度的微裂隙对渗流发挥了至关重要的作用，同时，用 Avizo 进行微裂隙网络的渗透率模拟和预测渗透率值是可行的。

表 4-2 不同测试方法渗透率值对比

参数	方法和手段		
	Avizo 模拟实验	修正后的 K-C 方程	氦气法实验测试
渗透率平均值/mD	0.244	0.167	0.194

与此同时，为了验证 Comsol 在数值模拟方面的可靠性，我们在 Comsol 中也进行了单相水流的渗流模拟。

4.3　Comsol 中单相水流渗流模拟

4.3.1　Avizo 与 Comsol 数据交互

数字岩心软件 Avizo 与有限元模拟软件 Comsol 之间需要通过 STL 数据接口来实现交互对接(王平全等，2017)。但由于提取的连通体中包含的三角网格数量多，必须经过平滑、简化、修复表面和增强网格质量等一系列流程，才能成功导入 Comsol 中进行后期模拟。具体方法是：在 Avizo 中运用表面编辑器模块对三角面网进行修复，包括修复缺口、消除交叉、倒角、共面和重合边等(图 4-5)，经过不断的人机交互式

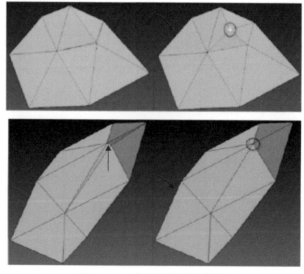

图 4-5　三角面网格形态修复

修复操作，当消除掉所有的拓扑错误后，在 Avizo 中执行网格质量检测，直至没有错误，即可生成完美四面体网格。经过对 1000 余个边、角和方向进行拓扑修复，最后检测合格的孔隙几何模型即可保存成 STL 格式文件，从而实现与 Comsol 的交互对接。

4.3.2　入口与出口选取

　　Comsol Multiphysics 是一套基于偏微分方程的数值模拟软件包，可以方便地定义和求解任意多物理场耦合问题。将 HB02 纳米尺度裂隙最大连通体导入 Comsol 中，即可进入操作界面(图 4-6)，导入模型含有 788256 个四面体。

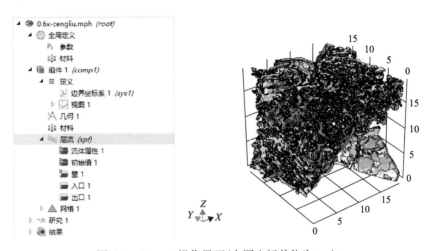

图 4-6　Comsol 操作界面(右图坐标单位为 μm)

　　进行模拟之前，为了尽可能保证模拟的准确性，需要对导入模型的入口和出口进行手动选取。经过仔细比对，挑选出的 X、Y、Z 三个方向的入口和出口分别如图 4-7～图 4-9 中的蓝色部分所示。

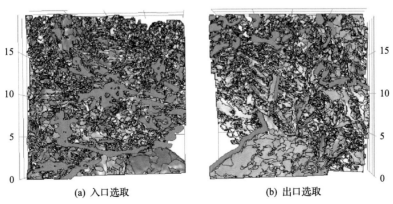

(a) 入口选取　　　　　　　　(b) 出口选取

图 4-7　X 轴方向入口和出口选取(坐标单位为 μm)

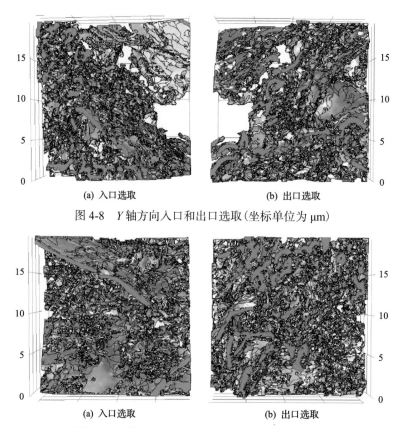

(a) 入口选取   (b) 出口选取

图 4-8　Y 轴方向入口和出口选取(坐标单位为 μm)

(a) 入口选取   (b) 出口选取

图 4-9　Z 轴方向入口和出口选取(坐标单位为 μm)

4.3.3　模拟方程与参数设置

水流是不可压缩流体,因此选用不可压缩流动物理模型进行渗流模拟。控制方程为

$$\rho(\boldsymbol{u}\cdot\nabla)\boldsymbol{u}=\nabla\cdot\left[-p\boldsymbol{I}+\mu(\nabla\boldsymbol{u}+(\nabla\boldsymbol{u})^{\mathrm{T}})\right]+\boldsymbol{F} \tag{4-5}$$

$$\rho\nabla\cdot(\boldsymbol{u})=0 \tag{4-6}$$

式中,ρ 为流体密度,kg/m^3；μ 为动力黏度,Pa·s；$\boldsymbol{u}$ 为流速,m/s；p 为压力,MPa；$\boldsymbol{F}$ 为单位体积力矢量,N/m^3。

单相水流渗流模拟的参数设置条件为:密度 997.05kg/m^3,黏度 0.001Pa·s,入口压力 0.13MPa,出口压力 0.1MPa,裂隙壁处的边界条件为无滑移。

入口处方程为

$$\boldsymbol{n}^{\mathrm{T}}\left[-p\boldsymbol{I}+\mu(\nabla\boldsymbol{u}+(\nabla\boldsymbol{u})^{\mathrm{T}})\right]\boldsymbol{n}=-p_0 \tag{4-7}$$

$$\boldsymbol{u}\cdot t=0 \tag{4-8}$$

式中,t 为时间；$\boldsymbol{n}$ 为域外的边界法向线。

出口处方程为

$$\left[-p\boldsymbol{I} + \mu(\nabla\boldsymbol{u} + (\nabla\boldsymbol{u})^{\mathrm{T}}) \right]\boldsymbol{n} = -p_0\boldsymbol{n} \qquad (4\text{-}9)$$

4.3.4　压力场分布特征

本节在 Comsol 中对微裂隙网络模型 X、Y、Z 三个方向进行了单相水流的渗流模拟，模拟求解自由度为 1088216，分别获取了水流在三个方向的压力场分布云图和速度场分布云图。由于进出口压力差值小（0.03MPa），云图效果不明显，为了详细展示单相水流在微裂隙网络内部的渗流特征，进一步对云图进行了切面处理。

沿 X 轴方向，分别在 X 坐标 5μm、10μm、15μm 和 19μm 处对三维压力场云图进行切面处理，图 4-10 为不同位置处的压力切面图。从该切面图上可以看出，微裂隙内部结构形态非常复杂，非均质性明显，水流在其中渗流的路径变化性明显。此外，同一切面上压力分布不均匀，不同位置处压力值不同，反映出微裂隙结构对渗流的控制作用明显。其中，5μm 处切面上压力最高值达 0.13MPa，且绝大部分区域颜色为深红色；随着距离入口端越来越远，15μm 切面处压力最高值降为 0.11MPa，且深红色区域面积大幅度减少，黄色和绿色区域增多；19μm 处接近出口端，该切面上压力值最高为 0.11MPa。

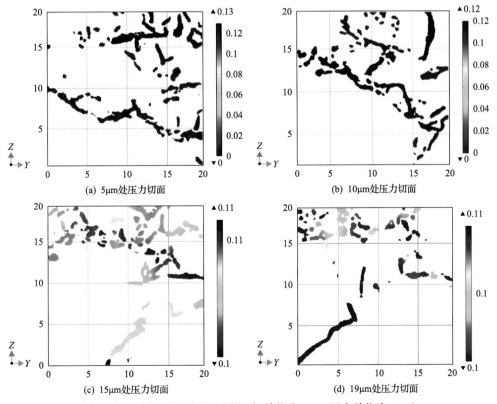

(a) 5μm处压力切面　　　　　　　　　(b) 10μm处压力切面

(c) 15μm处压力切面　　　　　　　　　(d) 19μm处压力切面

图 4-10　X 轴方向压力切面图（坐标单位为 μm，压力单位为 MPa）

　　同样地,对 Y 轴方向上压力场云图也进行了切面处理,分获取了 Y 坐标 5μm、10μm、15μm 和 19μm 处的压力切面, 如图 4-11 所示。

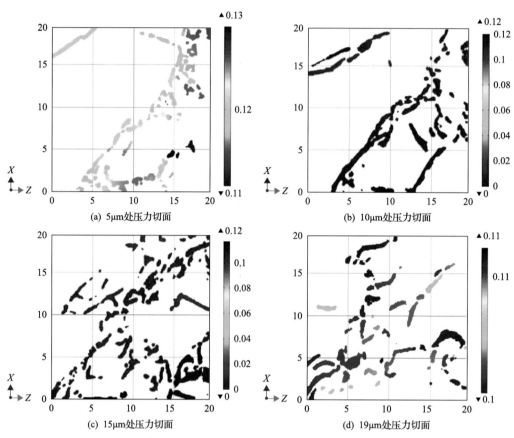

图 4-11　Y 轴方向压力切面图(坐标单位为 μm, 压力单位为 MPa)

　　Y 轴方向压力切面图显示, 在该方向上微裂隙内部结构也非常复杂, 每个切面上微裂隙截面形态不同, 非均质性明显, 同时水流在其中渗流的路径变化性明显。从切面图上还可以看到, 同一切面上压力分布不均匀, 不同位置处压力值不同, 反映出微裂隙结构对渗流的控制作用明显。可以看到, 5μm 处切面上压力最高值达 0.13MPa, 与 X 轴方向不同, 该切面上颜色差异明显, 大部分区域颜色为绿色和浅蓝色, 极少部分区域颜色为深红色, 反映出该切面上大部分压力值在 0.12MPa 以上, 少部分区域压力值在 0.11~0.12MPa; 10μm 处切面图显示, 该切面上最大压力值为 0.12MPa, 且该切面上绝大部分区域为深红色; 15μm 切面处压力最高值依然为 0.12MPa; 随着距离入口端越来越远, 19μm 处切面上最高压力值降为 0.11MPa, 且该切面上大部分区域颜色为浅蓝色, 少部分区域颜色为深蓝色。

　　图 4-12 为 Z 轴方向上不同坐标位置处的压力切面图。与 X 轴方向和 Y 轴方向相同, 该方向上微裂隙内部结构也非常复杂:一方面表现在每个切面上微裂隙截面形态变化明显, 水流在其中渗流的路径不同;另一方面表现在每个切面上压力分布不均匀, 不

同位置处压力值不同，反映出微裂隙结构对渗流的控制作用明显。从入口端到出口端，压力值沿着渗流路径逐渐减小。具体来看，5μm 处切面靠近入口端，该切面上压力最高值为 0.13MPa，压力最低值为 0.11MPa；10μm 处切面图显示，该切面上压力分布范围也在 0.11~0.13MPa，但高压力值区域面积减小，相对低压力值区域面积增大；15μm 切面处和 19μm 切面处压力最高值均降为 0.11MPa。

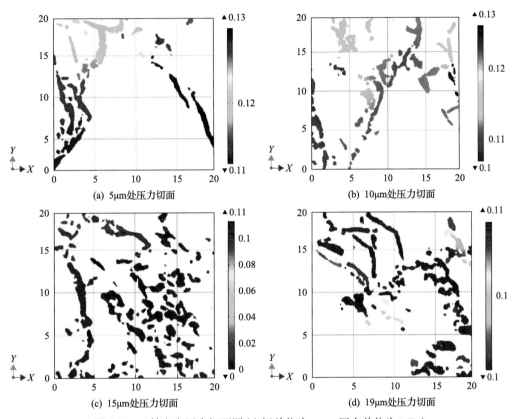

(a) 5μm处压力切面　　　　　　　　(b) 10μm处压力切面

(c) 15μm处压力切面　　　　　　　　(d) 19μm处压力切面

图 4-12　Z 轴方向压力切面图(坐标单位为 μm，压力单位为 MPa)

4.3.5　速度场分布特征

在得到单相水流压力场分布特征的同时，我们对其在微裂隙网络结构中的速度场云图也进行了切面分析。图 4-13 为 X 轴方向上不同位置处单相水流渗流的速度切面图。

从速度切面图上可以直观看出，不同位置处的速度颜色变化不明显，大部分区域颜色为蓝色，个别区域颜色呈现明显的梯度变化。分别提取每个位置处速度切面的信息，绘制成图 4-14。从该图上可以看出，每个切面上速度值都主要分布在 0.1m/s 以下。其中 5μm 处切面上速度最高值为 0.21m/s，速度值在 0.1~0.16m/s 的占比为 12.63%；在 0.16~0.2m/s 范围内的占比为 4.91%；速度值大于 0.2m/s 的很少，占比仅为 0.7%。10μm 切面处速度最高值为 0.16m/s，该切面上速度值主要分布在 0.16m/s 以下，占比为

99.58%。15μm 切面处速度最高值为 0.20m/s，速度值在 0.1～0.16m/s 的占比为 12.80%；在 0.16～0.2m/s 范围内的占比为 2.44%；速度值小于 0.1m/s 的占比为 84.45%。19μm 处切面接近出口端，部分区域速度迅速升高，该切面上速度最大值为 0.82m/s，速度值大于 0.2m/s 的数量增多，占比达到 11.76%；速度值在 0.1～0.16m/s 的占比为 10.46%；而速度值在 0.16～0.2m/s 范围内的数量最少，占比仅为 1.31%。

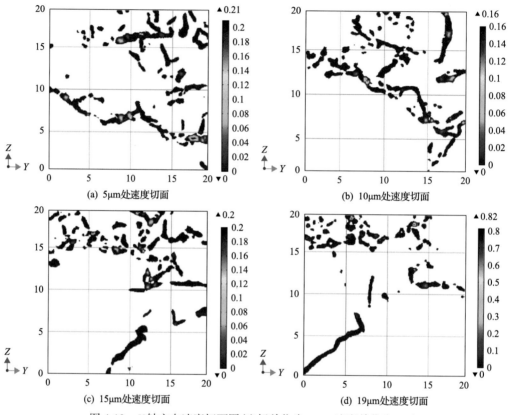

图 4-13 X 轴方向速度切面图（坐标单位为 μm，速度单位为 m/s）

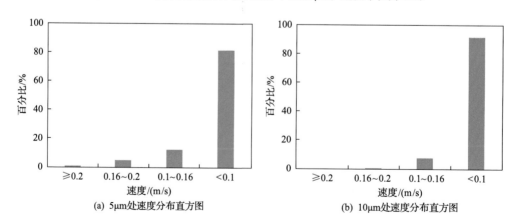

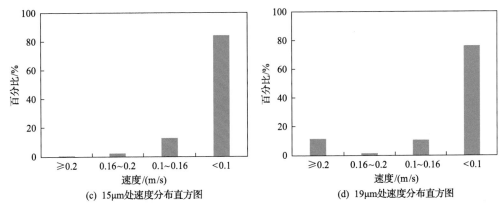

(c) 15μm处速度分布直方图　　　　(d) 19μm处速度分布直方图

图 4-14　X 轴方向速度分布频率直方图

同样地,对 Y 轴方向上的速度场云图也进行了切面处理,分获取了 Y 坐标位于 5μm、10μm、15μm 和 19μm 处的速度切面,如图 4-15 所示。从该图中可以看到,与 X 轴方向上速度切面图一样,Y 轴方向切面上速度颜色变化也不明显,大部分区域颜色为蓝色,仅个别区域颜色呈现明显的梯度变化。

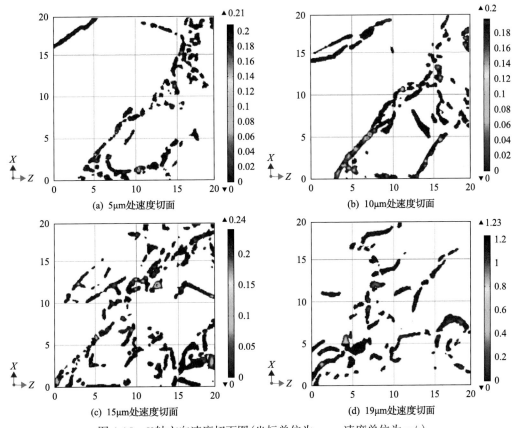

(a) 5μm处速度切面　　　　(b) 10μm处速度切面

(c) 15μm处速度切面　　　　(d) 19μm处速度切面

图 4-15　Y 轴方向速度切面图(坐标单位为 μm,速度单位为 m/s)

分别提取每个位置处速度切面的信息,绘制成图 4-16。从该图上可以看出,每个切面上速度值都主要分布在 0.1m/s 以下，但随着距离入口端越来越远，速度值小于 0.1m/s 的比例越来越小，占比从 92.26%降至 52.76%。其中 5μm 处切面上速度最高值为 0.21m/s，该切面上速度值主要分布在 0.16m/s 以下，占比为 98.81%。10μm 处切面处速度最高值为 0.20m/s，速度值为 0.1~0.16m/s 的占比为 13.42%，速度范围为 0.16~0.2m/s 的占比仅为 1.79%。15μm 处切面处速度最高值为 0.24m/s，速度值为 0.1~0.16m/s 的占比为 20.28%；0.16~0.2m/s 范围内的占比为 2.97%；速度值小于 0.1m/s 的占比为 76.22%。19μm 处切面上速度最大值为 1.23m/s，其中速度值大于 0.2m/s 的数量迅速增多，占比达到 28.00%；速度值为 0.1~0.16m/s 的占比为 13.33%；而速度值为 0.16~0.2m/s 的数量最少，占比为 5.90%。

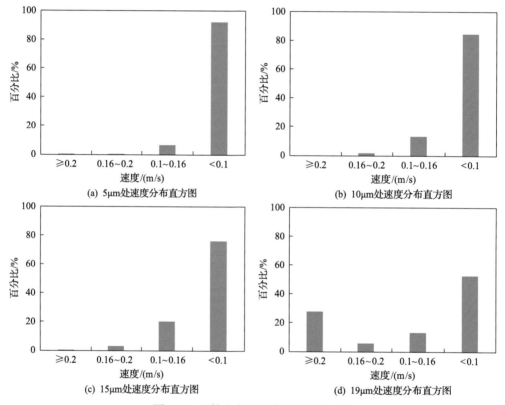

图 4-16　Y 轴方向速度分布频率直方图

图 4-17 为沿 Z 轴方向获取的不同坐标位置处的速度切面图。与 X 轴方向和 Y 轴方向上的切面图颜色特征一样，Z 轴方向上的速度切面图颜色变化也不明显，大部分区域颜色为蓝色，仅有个别区域颜色呈现明显的梯度变化。

图 4-18 为 XY 面上不同 Z 坐标位置处速度的频率分布直方图。从该图上可以看出，每个切面上速度值都主要分布在 0.1m/s 以下。其中 5μm 处切面上速度最高值为 0.27m/s，速度值为 0.1~0.16m/s 的占比为 11.45%；速度值为 0.16~0.2m/s 的占比为 3.05%；速度值大于 0.2m/s 的占比为 8.14%。10μm 处切面速度最高值为 0.16m/s，该切面上速度

值主要分布在 0.16m/s 以下，占比为 99.77%。15μm 处切面速度最高值为 0.22m/s，速度值为 0.1～0.16m/s 的占比为 12.83%；速度为 0.16～0.2m/s 的数量最少，占比仅为 1.96%；速度值小于 0.1m/s 的占比为 81.96%；速度值大于 0.2m/s 的占比达到 3.25%。19μm 处切面接近出口端，该切面上速度最大值为 0.41m/s，速度值大于 0.2m/s 的占比达到 10.00%；速度值为 0.1～0.16m/s 的占比为 16.34%；而速度值为 0.16～0.2m/s 的占比为 4.46%；速度值小于 0.1m/s 的占比为 69.20%。

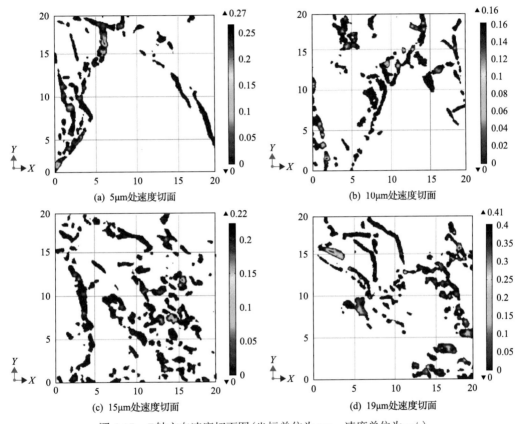

图 4-17　Z 轴方向速度切面图（坐标单位为 μm，速度单位为 m/s）

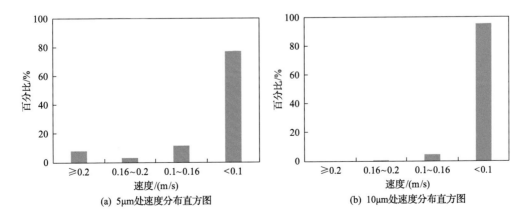

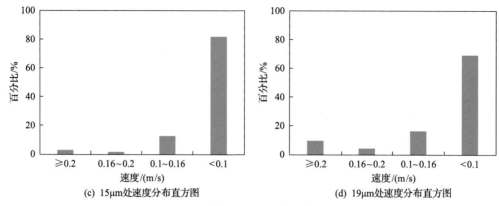

(c) 15μm处速度分布直方图　　　(d) 19μm处速度分布直方图

图 4-18　Z轴方向速度分布频率直方图

接下来，通过对出口边界处速度进行体积分，继而运用达西定律即可得到不同方向的单相水流渗透率值，结果如表 4-3 所示。从该表中可以看出，三个方向上的渗透率值不同，其中 Z 轴方向上渗透率值最小，为 0.311mD；Y 轴方向上渗透率值最大，为 0.408mD；X 轴方向上渗透率值比 Y 轴方向略小，为 0.404mD。对比 Avizo 的渗透率模拟结果，可以看到，两种软件模拟的渗透率值在同一数量级上，数值比较接近，且都是 Z 轴方向上渗透率值最小，Y 轴方向上渗透率值最大，说明运用 Comsol 软件进行单相水流的渗流模拟是可行的。Comsol 软件模拟的渗透率结果比 Avizo 模拟的结果稍微偏高的原因可能是模拟中采用的控制方程的差异造成的。

表 4-3　Comsol 模拟中不同方向上渗透率值对比

方向	渗透率/mD	平均值/mD
X	0.404	
Y	0.408	0.374
Z	0.311	

由于 Avizo XLab Hydro Extension 模块进行绝对渗透率模拟是基于不可压缩流体而设计的，因此，接下来将在有限元软件 Comsol 中进行甲烷气体的渗流模拟。

4.4　甲烷气体渗流模拟

4.4.1　数值模拟条件

本节甲烷渗流模拟同样是在纳米尺度微裂隙最大连通体中进行的，模拟依托的依然是 Comsol 中的层流模块，由于甲烷为可压缩气体，因此基于稳态条件下的可压缩流动的控制方程为

$$\rho(\boldsymbol{u} \cdot \nabla)\boldsymbol{u} = \nabla \cdot \left[-p\boldsymbol{I} + \mu(\nabla \boldsymbol{u} + (\nabla \boldsymbol{u})^{\mathrm{T}}) - \frac{2}{3}\mu(\nabla \cdot \boldsymbol{u})\boldsymbol{I} \right] + \boldsymbol{F} \tag{4-10}$$

$$\nabla(\rho \boldsymbol{u}) = 0 \tag{4-11}$$

式中，ρ 为流体密度，kg/m³；μ 为动力黏度，Pa·s；$\boldsymbol{u}$ 为流速，m/s；p 压力，MPa。

裂隙壁处的边界条件为

$$\boldsymbol{u} = 0 \tag{4-12}$$

微裂隙模型的边界条件设置为压力条件，进出口压力参数展示在表 4-4 中，入口处方程为

$$\boldsymbol{n}^{\mathrm{T}}\left[-p\boldsymbol{I} + \mu(\nabla\boldsymbol{u} + (\nabla\boldsymbol{u})^{\mathrm{T}}) - \frac{2}{3}\mu(\nabla\cdot\boldsymbol{u})\boldsymbol{I}\right]\boldsymbol{n} = -p_0 \tag{4-13}$$

$$\boldsymbol{u}\cdot\boldsymbol{t} = 0 \tag{4-14}$$

出口处方程为

$$\left[-p\boldsymbol{I} + \mu(\nabla\boldsymbol{u} + (\nabla\boldsymbol{u})^{\mathrm{T}}) - \frac{2}{3}\mu(\nabla\cdot\boldsymbol{u})\boldsymbol{I}\right]\boldsymbol{n} = -p_0\boldsymbol{n} \tag{4-15}$$

表 4-4　模拟中参数的设置值

流体	入口压力/MPa	出口压力/MPa	密度/(kg/m³)	动力黏度/(Pa·s)
甲烷	0.6	0.1MPa	3.92	1.14×10⁻⁵

4.4.2　压力场分布特征

通过对构建好的微裂隙网络最大连通体三维模型进行求解运算，得到了 0.6MPa 气压条件下甲烷在微裂隙空间内的压力分布云图。图 4-19 为甲烷在微裂隙网络空间 X 轴方向上流动的模拟结果。从图 4-19 中可以看出，渗流路径覆盖整个裂隙空间，沿着甲烷渗流的方向，压力具有明显的梯度变化，压力的变化通过颜色的显著变化体现出来，微裂隙结构内部非均质性明显，造成压力分布不均匀。

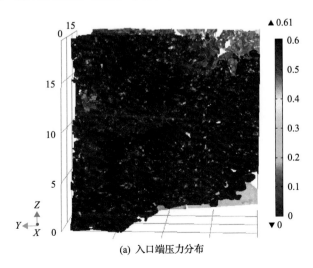

(a) 入口端压力分布

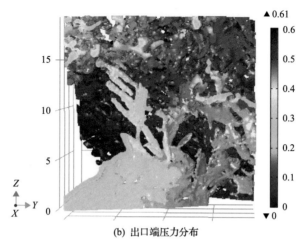

(b) 出口端压力分布

图 4-19　X 轴方向甲烷压力分布云图（坐标单位为 μm，压力单位为 MPa）

　　沿 X 轴方向，分别在 X 坐标 5μm、10μm、15μm 和 19μm 处对三维压力场云图进行切面处理，图 4-20 为 X 轴方向不同位置处的压力切面图。切面图上的压力分布特征反映出微裂隙内部结构形态非常复杂，非均质性明显，甲烷气体在其中渗流的路径变化性明显，同时，微裂隙结构对气体渗流的控制作用明显。其中，5μm 处切面上压力

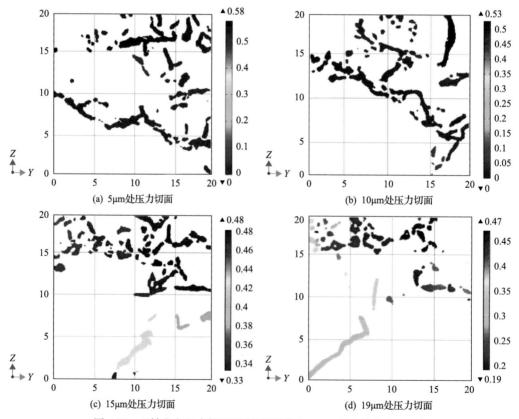

图 4-20　X 轴方向压力切面图（坐标单位为 μm，压力单位为 MPa）

最高值达到 0.58MPa，且绝大部分区域颜色为深红色；随着距离入口端越来越远，到 15μm 切面处压力最高值降为 0.48MPa，且大部分区域仍为红色；19μm 处接近出口端，该切面上压力值最高为 0.47MPa，最小值为 0.19MPa。

图 4-21 为甲烷气体在微裂隙网络空间中 Z 轴方向上渗流的压力分布云图。与 X 轴方向相同，该方向上甲烷的渗流也覆盖整个裂隙空间，且沿着渗流路径，进出口压降增大。连通体中位于窄喉道处的压力呈现跳跃变化，颜色变化大，而较大裂隙通道内颜色均匀，微裂隙网络内部非均质性明显，裂隙宽度变化不一。

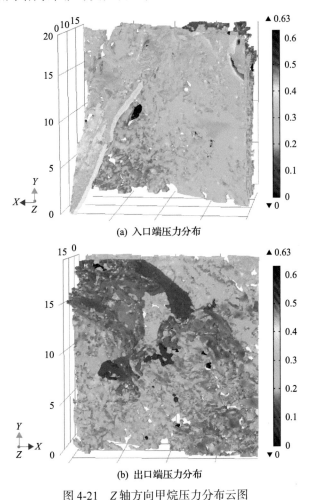

(a) 入口端压力分布

(b) 出口端压力分布

图 4-21　Z 轴方向甲烷压力分布云图

图 4-22 为 Z 轴方向上不同坐标位置处的压力切面图。从该图中可以看到，同一切面上压力分布不均匀，不同位置处压力值不同，且每个切面上微裂隙截面形态不同，反映出该方向上微裂隙内部结构非常复杂，导致甲烷气体在其中渗流的路径变化性明显。其中，5μm 处切面上压力最高值达到 0.4MPa，与 X 轴方向不同，该切面上颜色差异明显，大部分区域颜色为蓝色，极少部分区域颜色为深红色，反映出该切面上大部分压力值在 0.34MPa 以下，少部分区域压力值在 0.36MPa 以上；10μm 处压力切面图显

示该切面上最大压力值为 0.35MPa，且该切面上绝大部分区域为浅蓝色；15μm 切面处压力最高值为 0.28MPa；随着距离入口端越来越远，19μm 处切面上最高压力值降为 0.21MPa，且该切面上压力分布极不均匀。

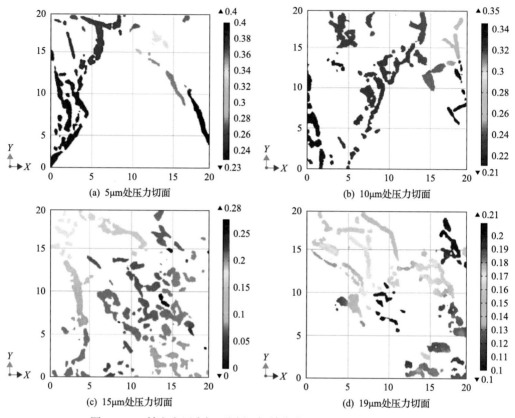

图 4-22　Z 轴方向压力切面图(坐标单位为 μm，压力单位为 MPa)

4.4.3　速度场分布特征

　　由于三维微裂隙网络结构内部强烈的非均质性，微裂隙网络结构中不同部分的气体渗流速度不同。图 4-23 为 X 轴方向甲烷气体渗流的流速分布云图。

　　从图 4-23 中可以看出，不同颜色代表的流速值不同，红色代表高流速，蓝色代表低流速，沿渗流路径甲烷气体的最大流速值为 399m/s。从出口端的速度云图上可以发现，垂直于甲烷气体流动方向，从微裂隙中心到裂隙壁，甲烷气体的流速逐渐减小。为了对微裂隙内部气体流速进行详细研究，对 X 轴方向三维流速云图进行了切面分析，结果如图 4-24 所示。

　　从图 4-24 上可以看到，不同位置处切面上裂隙截面形态不同，速度分布特征也不同，但速度颜色变化不明显，大部分区域颜色为蓝色，个别区域颜色呈现明显的梯度变化，分别提取每个位置处速度切面的信息，绘制成频率直方图，结果如图 4-25 所示。从该图上可以看出，除 19μm 处切面外，其他三个切面上速度值都主要分布在 0.2～

0.5m/s 的范围内。其中 5μm 处切面上速度最高值为 0.71m/s，速度值大于 0.5m/s 的数量很少，占比仅为 4.92%；速度值为 0.2～0.5m/s 的占比为 37.19%；在 0.1～0.2m/s 范围内的占比为 28.42%；速度值小于 0.1m/s 的占比为 29.47%。10μm 切面处速度最高值

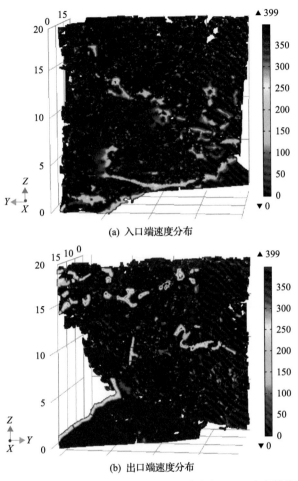

(a) 入口端速度分布

(b) 出口端速度分布

图 4-23　X 轴方向甲烷流速分布云图(坐标单位为 μm，速度单位为 m/s)

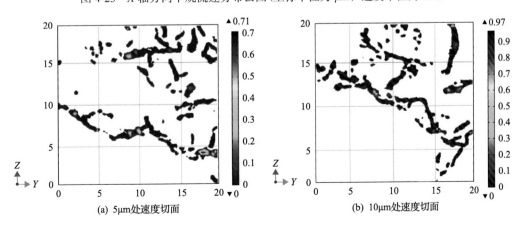

(a) 5μm处速度切面　　　　　　　　　　(b) 10μm处速度切面

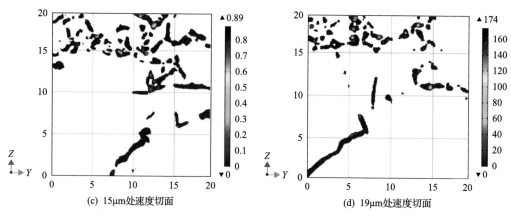

图 4-24 X轴方向速度切面图(坐标单位为 μm,速度单位为 m/s)

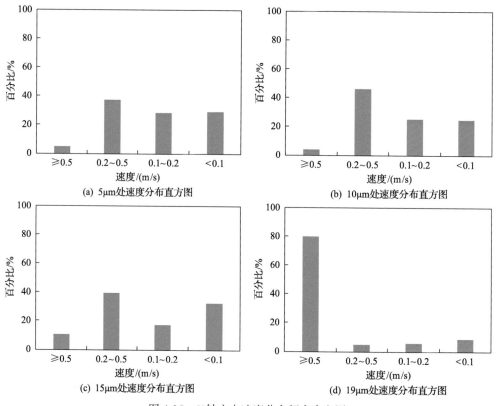

图 4-25 X轴方向速度分布频率直方图

为 0.97m/s,该切面上速度值大于 0.5m/s 的占比为 4.18%;速度值为 0.2~0.5m/s 的占比为 46.03%;在 0.1~0.2m/s 范围内的占比为 25.10%;速度值小于 0.1m/s 的占比为 24.69%。15μm 处切面速度最高值为 0.89m/s,速度值大于 0.5m/s 的数量增多,占比为 10.67%;速度值为 0.2~0.5m/s 的占比为 39.63%;速度为 0.1~0.2m/s 的数量减小,占比降为 17.38%;而速度值小于 0.1m/s 的占比增加到 32.32%。19μm 处切面接近出口端,速度迅速升高,该切面上速度最大值为 174m/s,速度值大于 0.5m/s 的占比高达 79.94%,

速度值在 0.5m/s 以下的占比为 20.06%。

图 4-26 为 Z 轴方向上甲烷气体渗流的流速分布云图。与 X 轴方向上气体的渗流规律相同，在气体入口端可以看到，垂直于甲烷气体流动方向，从微裂隙中心到裂隙壁，甲烷气体的流速逐渐减小。该方向上沿渗流路径甲烷气体的最大流速值为 805m/s，比 X 轴方向上的最大流速值高，说明 Z 轴方向上微裂隙的平均开度比 X 轴方向小。

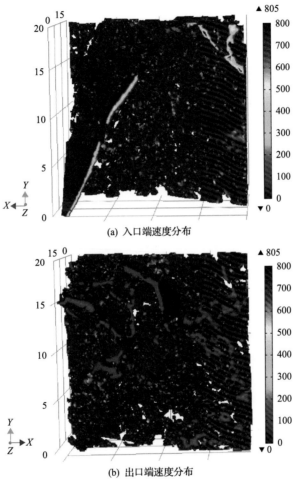

(a) 入口端速度分布

(b) 出口端速度分布

图 4-26 Z 轴方向甲烷渗流流速分布图(坐标单位为 μm，速度单位为 m/s)

沿 Z 轴方向分别获取 Z 坐标位于 5μm、10μm、15μm 和 19μm 处的速度切面，如图 4-27 所示。从该切面图中可以看到，该方向切面上速度颜色变化也不明显，不同位置处切面上裂隙截面形态不同，速度分布特征也不同，反映出微裂隙结构对气体渗流的控制作用明显。

分别提取每个位置处速度切面的信息，绘制成频率直方图，结果如图 4-28 所示。从该图上可以看出，5μm 处切面上速度最高值为 1.34m/s，速度值主要分布在 0.2～0.5m/s 的范围内，占比为 41.48%；速度值大于 0.5m/s 的数量最少，占比仅为 14.50%；速度在 0.1～0.2m/s 范围内的占比为 25.44%；速度值小于 0.1m/s 的占比为 18.58%。10μm 处切面速度最高值为 0.85m/s，该切面上速度值主要分布在 0.1～0.2m/s 范围内，占比为 44.05%；速度值大于 0.5m/s 的占比降为 7.14%；速度值为 0.2～0.5m/s 的数量也减小，占 比降为 20.83%；速度值小于 0.1m/s 的数量增多，占比为 27.98%。15μm 处切面速度最高 值为 1.12m/s，该切面上速度值大于 0.5m/s 的占比为 11.52%；速度值为 0.2～0.5m/s 的占 比为 33.48%；速度为 0.1～0.2m/s 范围内的占比为 23.91%；而速度值小于 0.1m/s 的占比 增加到 31.09%。19μm 处切面接近出口端，速度迅速升高，该切面上速度最大值为 85.8m/s，速度值大于 0.5m/s 的占比高达 82.16%，速度值在 0.5m/s 以下的占比为 17.84%。

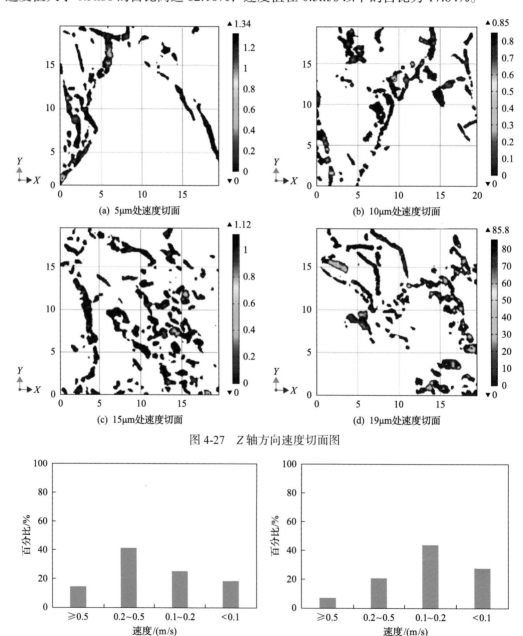

(a) 5μm处速度切面　　　　　　　　　　(b) 10μm处速度切面

(c) 15μm处速度切面　　　　　　　　　　(d) 19μm处速度切面

图 4-27　Z 轴方向速度切面图

(a) 5μm处速度分布直方图　　　　　　　(b) 10μm处速度分布直方图

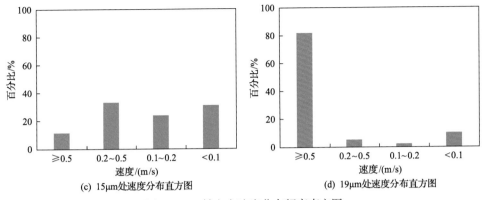

图 4-28　Z 轴方向速度分布频率直方图

　　同样对出口边界处速度进行体积分，然后运用达西定律即可得到不同方向上的甲烷气体渗透率值，结果如表 4-5 所示。从该表中可以看出，不同方向上的渗透率值不同，其中 Z 轴方向上渗透率值最小，为 0.269mD；Y 轴方向由于数据不收敛，未能获得渗流参数；X 轴方向上渗透率值为 0.466mD。

表 4-5　0.6MPa 气压下不同方向渗透率值

方向	渗透率/mD	平均值/mD
X	0.466	
Y	—	0.368
Z	0.269	

　　X 射线 CT 扫描技术可以构建能够反映真实岩心结构的孔裂隙模型，为研究微观尺度上流体的渗流提供了技术支持。数字岩心软件 Avizo 与多场耦合有限元软件 Comsol 是进行流体渗流模拟的重要工具，数值模拟方法打破了实验室实验的局限，可以实现微观流体渗流模拟的可视化分析。

　　本章基于纳米 CT 扫描技术，首先运用 Avizo 软件提取出纳米尺度裂隙网络结构的最大连通体，然后结合 Avizo 软件中自带的绝对渗透率实验模拟模块和 Comsol 软件中的层流模块，分别实现了对单相水流和甲烷气体在复杂三维微裂隙空间中的渗流模拟，在拓宽 CT 扫描技术应用的同时，对煤岩数字岩心中微观尺度上流体的渗流模拟进行了初步探索。

参 考 文 献

陈刚, 秦勇, 杨青, 等. 2014. 不同煤级煤储层应力敏感性差异及其对煤层气产出的影响. 煤炭学报, 39(3): 504-509

雷健, 潘保芝, 张丽华, 等. 2018. 基于数字岩心和孔隙网络模型的微观渗流模拟研究进展. 地球物理学进展, 33(2): 653-660

王平全, 陶鹏, 刘建仪, 等. 2017. 基于数字岩心的低渗透率储层微观渗流和电传导数值模拟. 测井技术, 11(4): 389-393

张遂安, 曹立虎, 杜彩霞. 2014. 煤层气井产气机理及排采控压控粉研究. 煤炭学报, 39(9): 1927-1931

Geiger S, Schmid K S, Zaretskiy Y. 2012. Mathematical analysis and numerical simulation of multi-phase multi-component flow in heterogeneous porous media. Current Opinion in Colloid & Interface Science, 17: 147-155

Somerton W H, Söylemezoğlu I M, Dudley R C. 1975. Effect of stress on permeability of coal. International Journal of Rock Mechanics & Mining Sciences & Geomechanics Abstracts, 12(5-6): 129-145

第5章
裂隙和渗透率的纵波速度响应特征

岩石介质的声波速度特征中携带了大量与岩体属性有关的信息，利用弹性波中携带的信息分析岩石的物理参数具有操作简单和对岩石无损的特点，正越来越多地用于地质工程的相关研究中。煤岩是一种非均质性极强的材料，其中裂隙的不同程度发育是造成煤岩非均质性的重要原因之一。目前，通过岩体声波速度对其密度(Khandelwal and Singh, 2009; Daniele et al., 2012; Yang et al., 2013; Wolfgang et al., 2013)、岩石类型(Gviglio, 1989)、孔隙度和渗透率(Gardner et al., 1974; Pierre et al., 2012; Popp and Kern, 1998)等的研究较多，但对煤声波速度特征变化特征的研究重视不够，尤其是裂隙对声波速度的控制与影响方面的研究还有待加强。本研究以河北峰峰矿区万年矿、薛村矿、河南义马矿区耿村矿、山西晋城矿区及新疆阜康矿区的煤样品为例，通过测定煤心的纵波速度、裂隙面密度和渗透率等参数，研究煤纵波速度对裂隙和渗透率的响应特征，揭示煤纵波速度、裂隙面密度及渗透率之间的耦合关系，从而为煤储层物性的预测和评价提供理论依据。

5.1 样品制备与实验

5.1.1 样品制备

煤岩声波速度测试主要依据国际岩石力学与工程学会(ISRM)实验室和现场实验标准化委员会规定，结合块状煤岩中不连续面的发育情况进行。将实验煤样沿垂直层理方向钻取煤心并磨光两端面，共加工得到满足测试条件的煤心 32 块(图 5-1)。

5.1.2 样品的纵波速度测定

样品的声波速度测试采用 UTA-2000A 型非金属超声波分析仪(图 5-2)，传感器频率为 35kHz，采样频率为 10MHz，时间精度为 0.1μs；通过在煤样和传感器之间涂抹黄油更有利于实验的进行。在煤心的一个端面的中心及其边缘沿逆时针方向每间隔 90°

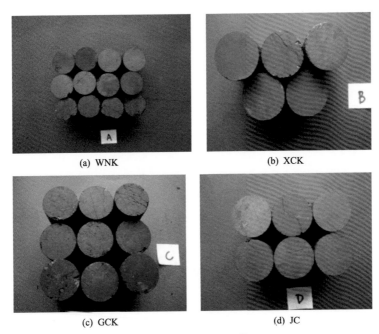

(a) WNK   (b) XCK

(c) GCK   (d) JC

图 5-1 声波测试所用煤心

图 5-2 UTA-2000A 型非金属超声波分析仪

分别取点进行波速实验，实验共取得 5 个测点，分别标记为 0、1、2、3、4 号点；在另一端面的对应位置分别标记为 0′、1′、2′、3′、4′；最后，取 5 个位置纵波速度的平均值作为该试样的纵波速度(图 5-3)。纵波速度的测试原理是将超声波发射端和接收端通过涂抹黄油后可以紧贴试样的两个端面，测得超声波穿过试样所用的时间，用试样长度除以超声波穿过试样的时间即为超声波通过岩样的波速，即

$$V_{\mathrm{p}} = \frac{L}{t_{\mathrm{p}}} \tag{5-1}$$

式中，V_{p} 为试样的纵波速度，m/s；L 为试样长度，m；t_{p} 为纵波穿过试样所需的时间，s。测试后样品的声波速度如表 5-1 所示。

图 5-3　纵波速度测量点示意图

表 5-1　样品实验测试结果

编号	直径/mm	高度/mm	质量/g	密度/(g/cm³)	孔隙度/%	裂隙长度面密度/(mm/cm²)	纵波速度/(m/s)
A02	49.48	98.54	312.20	1.65	2.8	8.75	1902.97
A06	49.52	101.50	352.20	1.80	1.6	5.18	2520.16
A07	49.44	98.96	309.70	1.63	1.0	6.32	2116.86
A08	49.60	100.00	314.50	1.63	1.6	8.41	1984.69
A09	49.60	94.92	294.30	1.61	0.2	7.72	2349.10
A11	49.50	93.10	290.00	1.62	2.3	10.29	2095.53
A12	49.56	90.70	284.00	1.62	1.5	7.23	2102.95
B01	49.48	102.00	287.90	1.47	4.9	4.38	1877.23
B02	49.30	90.00	259.10	1.51	5.1	6.73	1914.54
B03	49.52	95.36	270.00	1.47	4.2	3.80	1887.80
B04	49.40	87.00	249.80	1.50	3.5	2.50	2032.31
B05	49.25	81.48	235.70	1.52	2.0	3.16	2093.73
C01	49.26	94.90	263.80	1.46	6.1	5.39	1981.45
C02	49.32	90.20	251.20	1.46	4.7	6.98	2012.13
C03	49.00	95.60	261.80	1.45	4.5	7.34	1713.61
C05	49.30	87.66	244.50	1.46	3.2	5.29	2024.16
C06	49.18	88.30	239.00	1.43	4.8	4.25	1956.60
C07	49.12	100.50	273.80	1.44	8.5	7.19	1545.38
C08	49.32	89.76	244.30	1.43	5.8	3.48	2089.05
C09	49.32	103.00	284.40	1.45	3.6	5.03	1824.04
D02	49.52	89.12	282.80	1.65	2.4	8.85	1740.66
D03	49.48	99.48	281.60	1.47		9.69	1874.82
D04	49.64	99.90	283.70	1.47	2.2	9.95	1918.40
D05	49.50	98.74	279.10	1.47		7.85	2064.98

5.2　纵波速度与裂隙面密度的关系

煤中发育的裂隙会影响纵波在其中的传播速度。以往研究裂隙对声波速度的影响大多停留在定性研究和人工造隙后进行定量研究，难以代表实际情况。为了实现对煤层进行无损且准确的预测，有必要对煤中声波速度和裂隙发育情况进行定量研究，建立声波速度与煤体裂隙参数(如裂隙密度)之间的定量关系，这对煤层气储层评价并进行优势区块划分具有重要的指导意义。

通过对煤心中发育的每条裂隙的长度进行观测统计，用单位面积上发育的裂隙长度来表征裂隙密度，结合煤样的纵波速度测试，可以得到声波速度与裂隙密度之间的关系(图 5-4)。从图 5-4 中可以看出：

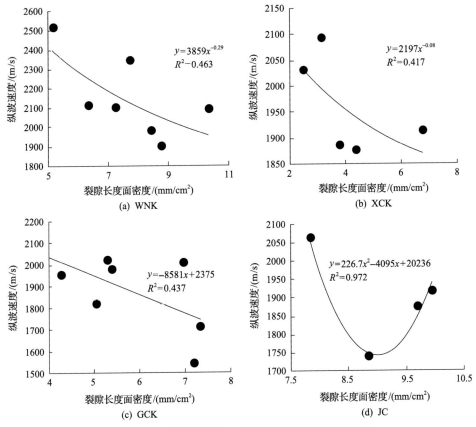

图 5-4　4 组煤样的纵波速度和裂隙长度面密度的关系

(1)不同变质程度煤样之间裂隙发育存在较大差异。其中晋城(JC)煤样裂隙最为发育，平均裂隙长度面密度达到 9.10mm/cm²；万年矿(WNK)和耿村矿(GCK)的裂隙较为发育，平均裂隙长度面密度分别为 7.70mm/cm²、5.60mm/cm²；薛村矿(XCK)中裂隙长度面密度最小，平均裂隙长度面密度仅为 4.10mm/cm²。

（2）同一变质程度的不同煤样裂隙发育程度不同。WNK 煤样不同煤样间发育的面密度差值最大，达到 5.11mm/cm^2；GCK 和 XCK 不同煤样间发育的面密度差值较大，分别为 3.86mm/cm^2 和 3.57mm/cm^2；JC 中不同煤样间发育的面密度差值最小，仅为 2.10mm/cm^2。

（3）不同变质程度煤样中，纵波速度随面密度的变化规律不同，主要表现为存在纵波速度随面密度的增大而线性减小［图 5-4(c)］、非线性减小［图 5-4(a)、(b)］和先减小后增大［图 5-4(d)］三种变化趋势，但总体上纵波速度随面密度的增大而减小。

由于纵波在不同的传播介质中传播速度存在差异，一方面，当岩石中存在裂隙时，岩石介质变得不再连续，导致纵波传递时间延长、声波速度减小（张慎河等，2006）；另一方面，由于裂隙具有一定开度，相当于空气填充了裂隙，而声波在密度相对较小的空气中的传播速度小于在煤岩中的传播速度，因此，在裂隙性煤体中，裂隙越发育，裂隙长度面密度越大，声波速度越小。不同地区、不同变质程度的 4 组煤样中，各组煤样声波速度随裂隙密度的变化规律总体表现为纵波速度随裂隙密度的增大而减小；不同地区裂隙密度与声波速度的关系表达式不同，在利用声波速度预测某一区域裂隙发育程度时，不同区域应根据该区的实测资料建立其经验公式。

5.3 纵波速度与渗透率的关系

煤储层渗透性对煤层气（瓦斯）的运移起着至关重要的作用，其发育情况直接影响煤层气的渗流与产出过程，对煤与瓦斯突出的预测也具有十分重要的意义。大量的研究表明，纵波速度与煤岩孔裂隙发育特征之间存在明显的相关关系。当纵波穿过煤样时，由于孔裂隙结构的各向异性性质导致波速速度差异与具有方向性（Zhang et al.，2009），且纵波波速与岩体结构各向异性特征有着很好的耦合关系（Shi and Durucan，2010）。Wang 等（2015）实验发现，纵波波速随着作为煤中渗流主要通道的裂隙密度增加而减少。因此，通过研究煤层渗透性与纵波速度的相关关系，可以建立渗透性-纵波速度之间的经验公式，并借以预测特定区域的煤层渗透性，研究结果可以为煤层气勘探开发和煤矿安全生产提供指导。

图 5-5 为渗透率与纵波速度关系图，从图 5-5 中可以看出，煤样的纵波速度分布范围为 1600～2100m/s，渗透性与纵波速度之间具有一定的线性关系，总体上表现为渗透率随纵波速度的增大而线性减小，两者之间的关系式为

$$y = -0.026x + 55.99, \quad R^2 = 0.38 \tag{5-2}$$

式中，y 为渗透率，$10^{-3}\mu m^2$；x 为纵波速度，m/s。

煤中的裂隙和孔隙是渗透率的贡献者，裂隙对渗透率的影响因素包括裂隙密度、裂隙张开度、裂隙连通性及裂隙填充情况等；孔隙对渗透率的影响因素包括孔隙度、孔隙形态及孔隙连通性等。不同变质程度煤样中孔隙和裂隙的发育特征存在差异，这是不同变质程度煤样渗透率存在差异的主要原因。低煤阶煤中裂隙发育较少，但煤体

疏松多孔，孔隙(尤其是大孔)较为发育，孔隙成为渗透率的主要贡献者；中高煤阶煤中，裂隙发育整体占优势，成为渗透率的主要贡献者。结合本章的研究对象，其裂隙发育密度与渗透率之间的相关性较好，表明裂隙对渗透率的贡献大于孔隙对渗透率的贡献。

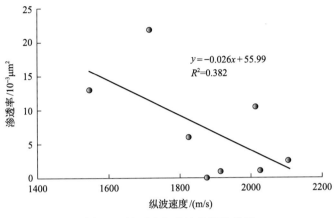

图 5-5　渗透率与纵波速度的关系

　　为了进一步验证上述结论，以新疆阜康矿区的低煤阶煤样为例进行进一步的研究。低煤阶煤拥有大量的自然裂隙和孔隙，在本次研究中，实验样品在三个方向上(X、Y、Z 方向)的纵波波速具有明显的规律性，波速从大到小依次为 Z、Y、X。此外，研究发现，裂隙的延伸方向、裂隙度、孔隙结构、孔隙发育方向及孔裂隙中填充的矿物同样对纵波波速有着很大的影响(Koenig and Stubbs，1986)。图 5-6 表明，渗透率随着纵波波速的增加呈指数关系减小，其较高的相关性(R^2=0.7637)表明纵波波速可以为煤层气的勘探与开发中渗透率的预测起到很好的指示作用。

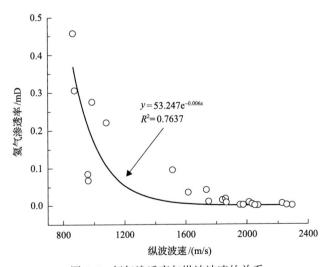

图 5-6　氦气渗透率与纵波波速的关系

参 考 文 献

张慎河, 彭苏萍, 刘玉香. 2006. 含煤地层裂隙岩石声波速度特征试验研究. 山东科技大学学报（自然科学版）, 25(1): 28-31

Daniele A, Tetsuya K, Florent O, et al. 2012. Simultaneous sound velocity and density measurements of hcp iron up to 93GPa and 1100K: An experimental test of the Birch's law at high temperature. Earth and Planetary Science Letters, 331-332: 210-214

Gaviglio P. 1989. Longitudinal waves propagation in a limestone: The relationship between velocity and density. Rock Mechanics and Rock Engineering, 22(4): 299-306

Gardner G H F, Gardner L W, Gregory A R. 1974. Formation velocity and density-the diagnostic basics for stratigraphic traps. Geophysics, 39(6): 770-780

Koenig P A, Stubbs P B. 1986. Interference testing of a coal-bed methane reservoir//SPE Unconventional Gas Technology Symposium, Louisville

Khandelwal M, Singh T N. 2009. Correlating static properties of coal measures rocks with P-wave velocity. International Journal of Coal Geology, 79(1-2): 55-60

Pierre J, Yves G, Frederic C. 2012. Multiscale seismic signature of a small fault zone in a carbonate reservoir: Relationships between Vp imaging and fault zone architecture, cohesion. Tectonophysics, 554-557: 185-201

Popp T, Kern H. 1998. Ultrasonic Wave Velocitise, Gas Permeability and Porosity in Natural and Granular Rock Salt. Physics and Chemistry of the Earth, 23(3): 373-378

Shi J Q, Durucan S. 2010. Exponential growth in San Juan Basin Fruitland coalbed permeability with reservoir drawdown, model match and new insights. SPE Reservoir Evaluation & Engineering, (06): 914-925

Wang H C, Pan J N, Wang S, et al. 2015. Relationship between macro-fracture density, P-wave velocity, and permeability of coal. Journal of Applied Geophysics, 117: 111-117

Wolfgang R, Mikhail K, Magdala T. 2013. Contrasts of seismic velocity, density and strength across the Moho. Tectonophysics, 609: 437-455

Yang X S, Yang Y, Chen J Y. 2013. Pressure dependence of density, porosity, compressional wave velocity of fault rocks from the ruptures of the 2008 Wenchuan earthquake, China. Tectonophysics, 619-620(Complete): 133-142

Zhang J C, Lang J, Standifird W. 2009. Stress, porosity, and failure-dependent compressional and shear velocity ratio and its application to wellbore stability. Journal of Petroleum Science and Engineering, 69: 193-202